Matthias Rickling

1968

Technik aus deinem Geburtsjahr

Du bist so alt
wie die ...

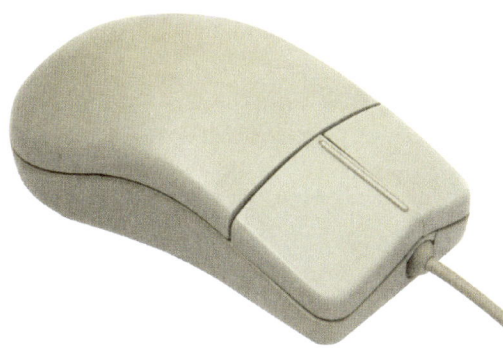

Computermaus

FRANZIS

Bildverzeichnis:

1: Dieter Hahn/Shutterstock.com; 7: Nationaal Archief, Den Haag, Rijksfotoarchief/ Fotocollectie Algemeen Nederlands Fotopersbureau (ANEFO), 1945-1989, via Wikimedia Commons; 8: Library of Congress, Prints and Photographs Divison, Washington D.C., USA; 9: Imago/Cinema Publishers Collection; 14: Matthias Rickling; 15: Rodrigo Garrido/Shutterstock.com; 16: Gmhofmann via Wikimedia Commons; 17: Imago/epd; 18, 19: Opel Automobile GmbH; 20: Brendan Howard/Shutterstock.com; 21: ullstein bild – United Archives; 22: Anton_ Ivanov/Shutterstock.com; 23: Kaliva/Shutterstock. com; 24: Grzegorz Czapski/Shutterstock.com; 25: SRI International via Wikimedia Commons; 26: Ignatius Tan/Shutterstock.com; 27: tichr/Shutterstock.com; 28: Emdx via Wikimedia Commons; 29: molekuul_be/Shutterstock.com; 31: Audi AG; 32: Chris Parypa Photography/Shutterstock.com; 33: aapsky/Shutterstock.com; 34: rdonar/Shutterstock.com; 35: Keith Homan/Shutterstock.com; 36/37: Dario Dominin/Shutterstock.com; 38: Marcin Wichary via Wikimedia Commons; 40: Evan-Amos via Wikimedia Commons; 41: OKI Systems (Deutschland GmbH); 42: Jens Bludau via Wikimedia Commons; 43: ullstein bild – CARO/Thomas Ruffer; 44: jointstar/Shutterstock.com; 46/47, 55: Everett Historical/Shutterstock.com; 48: P Maxwell Photography/Shutterstock.com; 49: inxti/Shutterstock.com. 50: Gary Perkin/Shutterstock.com; 51: Imago/ Zwei Kameraden; 53: Imago/ZUMA/Keystone; 54: Steven_Mol/Shutterstock.com; 57: Keystone Pictures USA/Alamy Stock Foto; 58: VGBSpress via Wikimedia Commons; 59: akg-images/Mondadori Portfolio/Archivio Angelo Cozzi/Angelo Cozzi; 60: paintings/Shutterstock.com; 61: NASA; 62: TwilightArtPicture/Shutterstock.com; 63: ullstein bild – mirrorpix; 64: meunierd/Shutterstock.com

Bibliografische Information der Deutschen Nationalbibliothek

Die Deutsche Nationalbibliothek verzeichnet diese Publikation in der Deutschen Nationalbibliografie; detaillierte bibliografische Daten sind im Internet über http://dnb.ddb.de abrufbar.

© 2018 Franzis Verlag GmbH, Richard-Reitzner-Allee 2, 85540 Haar bei München

Autor: Matthias Rickling
Konzept und Produktmanagement: Florian Greßhake
Sprachlektorat: Sibylle Feldmann
Cover: Manuel Blex
Layout & Satz: Nelli Ferderer, nelli@ferderer.de
ISBN: 9783645605762

Eine Zeitreise in Ihr Geburtsjahr

Jedes Jahr bringt neue technische Erfindungen, Gadgets, Highlights und Flops mit sich. Gerne erinnern wir uns zurück an die technischen Spielzeuge aus unseren Kindheitstagen, aber auch an die bahnbrechenden Entdeckungen und Produkteinführungen, die das Leben für immer veränderten.

1968 war ein ganz besonderes Jahr. Autor Matthias Rickling nimmt Sie mit auf eine Zeitreise in das Jahr, in dem die Computer-Maus das Licht der Welt erblickte, der Spatenstich für den Hamburger Elbtunnel erfolgte und der Jumbo-Jet – die Boeing 747 – als zukünftige Königin der Lüfte das erste Mal aus dem Hangar rollte.

Liebes Geburtstagskind, ...

1968 ∗ TECHNIK AUS DEINEM GEBURTSJAHR ∗ FRANZIS

1968

1968

Inhaltsverzeichnis

1968 – was für ein Jahr!

Dieses Jahr, das 68. des 20. Jahrhunderts, begann ganz brav an einem Montag und wurde dennoch zu einem Jahr, das die Welt nachhaltig verändern sollte. Zugegeben, wahrscheinlich zählt das vergangene Jahrhundert nicht ein Jahr, das einfach so verging, ohne dass bahnbrechende Erfindungen, bemerkenswerte Gebäude oder andere grandiose Pläne hervorgebracht wurden. Die Ziffern vieler Jahre wurden zu Gleichnissen bedeutender Geschehnisse wie Kriegsende, Mondlandung oder Maueröffnung. Allerdings gab es nur ein einziges Jahr, das zum Symbol einer ganzen Generation wurde.

1968, ein Jahr, von dem bis heute ein fast magischer Glanz ausgeht und über dessen Bedeutung noch immer diskutiert wird. Ein Jahr, in dem die von Studenten- und Bürgerrechtlern angeführten Proteste nicht nur in Westdeutschland, sondern überall auf dem Globus ihren Höhepunkt fanden und deren Konsequenzen noch lange nachwirkten. Ein Jahr, das bestimmt war von Liebes-Utopien und Rock 'n' Roll, Sit-ins und Weltrevolution. Es ist wohl vor allem die Gleichzeitigkeit der vielen einzelnen Geschehnisse, die »'68« und die »'68er« zu einem Mythos werden ließen.

Dabei fing 1968 ganz harmlos an, wie es sich für ein »Jahr der Menschenrechte« geziemte. Während Heintje die heimatliche Nation mit »Mama« und »Heidschi Bumbeidschi« beglückte und in Südafrika erstmals eine erfolgreiche Herztransplantation durchgeführt wurde, schwiegen sogar in Vietnam seit Langem die Waffen. Aber dass 1968 kein harmloses Jährchen wie viele werden sollte, kündigte sich schon im Januar mit extremen Wetterkapriolen an. Nach extremen Minusgraden mit viel Schnee stiegen die Temperaturen plötzlich in den Plusbereich und sorgten landesweit für schwere Überflutungen.

1968

Dennoch war man rundherum zufrieden. Das Land war weitgehend wieder aufgebaut, die Industrie stotterte zwar ein wenig, brummte aber immer noch, und die Automobilhersteller mussten Sonderschichten fahren. In den Schaufenstern der Geschäfte blinkte und glitzerte es, und die Regale bogen sich unter der Last der Konsumgüter. Überall schossen zeitgemäße Wohn- und Geschäftshochhäuser aus dem Boden, die Innenstädte wurden mit Fußgängerzonen und Parkhäusern modernisiert, und man ließ sich die Welt und ihre fernen Probleme von Werner

Höfers »Frühschoppen« im Fernsehen erklären.

»Buntfernsehen« war das Neueste, aber die Röhrengeräte in ihren edlen Holzkästen waren kaum zu bezahlen. Nicht schlimm, denn die neue Wetterkarte war auch in Schwarz-Weiß zu verstehen. Und vielleicht war es auch ganz gut, dass man die verstörenden Nachrichten aus aller Welt nicht in Farbe präsentiert bekam. Reichte es nicht, dass die Wochenzeitschriften beim Frisör andauernd nackte Haut und Gewalt präsentierten, immer in den schillerndsten Farben? Plötzlich waren die Krisengebiete ferner Regionen, die man höchstens aus Romanen oder Filmen kannte, ganz nah. Konnte man bei dem einen Foto in der Tageszeitung noch eine gewisse Distanz wahren, so bekamen der Vietnamkrieg, die chinesische Kulturrevolution, das Elend in Biafra, die Revolutionen in Lateinamerika und der scheiternde Prager Frühling plötzlich via Satellitenverbindung ein Gesicht. Nie zuvor hatten es Kriege und Katastrophen so schnell in die heimischen Wohnzimmer geschafft. Und die Nachrichten waren so gegensätzlich.

Man staunte darüber, was in Amerika alles gelang. Computer konnten plötzlich Dinge, die kein Mensch für möglich gehalten hatte. Es gab gewaltige Schiffe, riesige Flugzeuge – und es verging kaum ein Monat, in dem nicht irgendeine Rakete in den Himmel geschossen wurde. Tatsächlich, die USA waren anscheinend auf dem Weg zum Mond und bewiesen mit technischen Errungenschaften und gewaltigen Atombombenversuchen ihre Macht. Auf der anderen Seite, wie konnte das sein, bekämpften

sie in einem fernen Land Asiaten in schwarzen Pyjamas mit Napalm, Entlaubungsmitteln und der fortschrittlichsten Kriegsmaschinerie der Welt und wurden einfach nicht Herr der Lage. Das Licht, das die Militärs am Ende des Vietnam-Tunnels zu sehen glaubten, erlosch Ende Januar mit der Tet-Offensive. Erschrocken sah man außerdem, wie sich die Rassenunruhen in den amerikanischen Städten zum Rassenkrieg mit vielen Toten entwickelten. Hoffnungsträger wie Martin Luther King oder Robert Kennedy ließen bei Attentaten ihr Leben. Und vor der eigenen deutschen Haustür brannten die Stapel der meinungsmachenden Bild-Zeitung, und Kaufhausabteilungen gingen in Rauch auf.

Was war nur los in diesem Land, auf das man so stolz war? Man hatte zwei Jahrzehnte schwer geschuftet, man war wieder wer und wollte es sich nun eigentlich bei Mettigel und Sektbowle gemütlich machen. Aber nein, denn 1968 zeigten sich die gesellschaftlichen Gegensätze und die Abgründe zwischen den Generationen nur zu deutlich: Es hieß Eltern gegen die erste Nachkriegsgeneration, Heintje und Peter Alexander gegen The Bee Gees. Die Jugendlichen waren Fans der Beatles oder der Rolling Stones, und beide Fan-Lager waren gegen die Biederkeit der Elterngeneration. Die ältere Generation, die es sich nach langen Jahren des Mangels verdientermaßen gut gehen lassen wollte und in der Kühl-schrank-Eisfach-Kombination oder den neuesten Modellen von VW oder Mercedes die Erfüllung ihrer Träume sah, war schockiert.

Während die Mütter die neue Palisanderschrankwand abstaubten und die Väter die Rasenkanten trimmten und das Autowaschen wie eine heilige Messe zelebrierten, traf sich die Jugend zum Sit-in auf einem Matratzenlager und protestierte gegen die herrschende Ordnung. Eine stockkonservative große Koalition regierte das Land ohne parlamentarische Opposition, die nationaldemokratische NPD hatte es sogar wieder in verschiedene Landesregierungen geschafft, und nun wollte man die Demokratie sogar mit einer Notstandsverfassung schwächen. Hatten die Eltern denn gar nichts aus der schändlichen NS-Vergangenheit gelernt? Anscheinend nicht, denn sie beschwerten sich lediglich lauthals über den sittlichen Verfall der Jugend. Nicht nur dass die Mädchen mit noch kürzeren, noch schamloseren Röcken umherliefen und die Jungen ihre Haare lang und länger wachsen ließen, sie zogen zudem zu Tausenden durch die Straßen, um »das System des Bestehenden« herauszufordern und erstarrte gesellschaftliche Strukturen aufzubrechen. Antikapitalismus, Antifaschismus und Antiimperialismus waren die Leitmotive, aber wer sollte all dieses intellektuelle Anti-Gerede verstehen? Wer ist überhaupt »Ho-Ho-Ho-Chi-Minh«, und was haben dieser »Che« und dieser »Mao« mit Deutschland zu tun? Die Eltern schimpften verständnislos über »Gammler«, »Störer« und »Negermusik«. Sie drohten und jammerten, dass es so etwas »früher« nicht gegeben hätte (und außerdem war »früher« nicht alles so schlecht, wie man behauptete!) und weigerten sich gleichzeitig, über dieses »früher« zu sprechen. Der Staat war hier wie anderswo schlicht überrascht von der Vehemenz der Jugendlichen und Studenten und reagierte mit Härte. Rasch wurden aus den Demonstranten der verschiedenen Lager Kampfgenossen, die Polizei zum Feind. Und dann ging es wie meist: Druck erzeugt Gegendruck, auf Aktionen folgen staatliche Repressalien, auf Pflastersteine folgen Schlagstöcke und Tränengas, Verletzte, Tote – ein Protest wird zum Aufruhr …

Timeline

1. Januar
Einführung einer wettbewerbs-
neutralen Mehrwertsteuer.

4. Januar
In den bundesdeutschen Kinos
läuft der Film »Zur Sache Schätz-
chen« mit Uschi Glas an.

29. Januar
US-amerikanische Forscher durch-
bohren erstmals den 2500 Meter
mächtigen Eismantel der Antarktis.

30. Januar
Im Vietnamkrieg beginnen nord-
vietnamesische und Einheiten der
Nationalen Front für die Befrei-
ung Südvietnams die Tet-Offensive. Zwar scheitert die Offensive
militärisch, aber sie ist sowohl
politisch als auch psychologisch
sehr wirksam. Danach regen sich
in aller Welt starke Proteste gegen
den Vietnamkrieg der USA und
leiten den sukzessiven Rückzug
der USA aus Vietnam ein.

1. Februar
Uraufführung des Skandalfilms
»Das Wunder der Liebe« von
Oswald Kolle.

1. Februar
Im Vietnamkrieg tötet der Polizei-
chef von Saigon vor Reportern
einen festgenommenen Vietcong
durch einen Kopfschuss. Ein Foto
dieser Exekution wird zu einem
der bekanntesten Bilder des
20. Jahrhunderts.

4. März
Durch K.-o.-Sieg in der elften
Runde wird Joe Frazier (USA)
Boxweltmeister aller Klassen.

8. März
Studentendemonstrationen und
Beginn der März-Unruhen in
Polen.

14. März
Auftakt der ZDF-Musikshow
»Die Starparade«.

16. März
Massaker der US-Army an
503 Zivilisten im südvietname-
sischen Mỹ Lai.

1. April
In der Bundesrepublik wird
der »Mutterpass« eingeführt.

2. April
Weltpremiere des Films »2001:
Odysee im Weltraum«.

2./3. April
In Frankfurt finden Brandan-
schläge auf zwei Kaufhäuser statt.
Andreas Baader, Gudrun Ensslin,
Thorwald Proll und Horst Söhn-
lein werden festgenommen.

4. April
Attentat auf den schwarzen
Bürgerrechtler und Friedens-
nobelpreisträger Martin Luther
King in Memphis, Tennessee.

11. April
Studentenführer Rudi Dutschke
wird bei einem Mordanschlag in
Westberlin schwer verletzt. Das
Attentat führt in vielen Teilen der
Bundesrepublik zu Demonstrationen und teilweise blutigen Ausei-
nandersetzungen mit der Polizei;
in München gibt es zwei Tote.

11. bis 18. April
Während der sogenannten Oster-
unruhen gehen Zehntausende in
Westberlin, Hamburg, Frankfurt,
München, Essen und anderen Städ-
ten auf die Straße. Das Attentat auf
Dutschke löst weltweit Proteste aus.

29. April
Am Broadway erlebt das Musical
»Hair« seine Uraufführung.

13. Mai
USA und Nordvietnam beginnen
Friedensverhandlungen.

16. Mai
Ein bayerisches Gericht legiti-
miert die Berufsbezeichnung
»Hausfrau«.

25. Mai
Der 1. FC Nürnberg wird deutscher Meister der Fußballbundes-
liga.

5. Juni
Ermordung des amerikanischen
Präsidenschaftskandidaten Robert
F. Kennedy.

7. Juni
In Dänemark öffnet der erste
»Legoland«-Freizeitpark seine
Pforten.

1. Juli
Drei der fünf damaligen
Atommächte (USA, Sowjetunion
und Großbritannien) unterzeich-
nen in Washington den Atom-
waffensperrvertrag.

1968

15. Juli
Aufnahme des direkten Flug-
verkehrs zwischen Moskau und
New York.

17. Juli
Erste Aufführung des »Beatles«-
Zeichentrickfilms »Yellow Sub-
marine«.

6. August
Das Bundesverwaltungsgericht
entscheidet: Wehrpflichtige dür-
fen aus politischen Gründen den
Kriegsdienst verweigern.

20./21. August
Einmarsch von Truppen des
Warschauer Pakts in der
Tschechoslowakei (Ende des
Prager Frühlings).

6. September
Die Gesellschaft für Konsum-
forschung prognostiziert aufgrund
des Minirocks einen Rekord-
umsatz für Feinstrumpfhosen.

6. September
Der Film »Die Reifeprüfung«
kommt in die deutschen Kinos.

12. September
Sowjetische Truppen ziehen sich
aus Prag, Bratislava und Brno
zurück.

1. Oktober
Premiere des Zombie-Films
»Die Nacht der lebenden Toten«.

28. Oktober
Präsidentenwitwe Jaqueline
Kennedy heiratet den Reeder
und reichsten Mann der Welt
Aristoteles Onassis.

22. November
In der BRD erscheint die Doppel-
LP »White Album« der Beatles.

1. Dezember
Am Ende der »Tagesschau«
wird erstmals die »Wetterkarte«
gezeigt.

16. Dezember
»Radio Nordsee«, der erste
deutsche Piratensender, beginnt
sein Programm.

31. Dezember
Die Bundesbürger geben
schätzungsweise 55 Mio. DM
für Feuerwerkskörper aus.

Klassiker mit Spaßgarantie

Zugegeben, 1968 war ein schwieriges Jahr, das vor allem aufgrund von Attentaten, Krieg und Terror in Erinnerung blieb. Doch neben den zahlreichen negativen Schlagzeilen bescherte uns das Jahr auch einen Klassiker der Stimmungsmache: den Lachsack.

Erfunden wurde der Scherzartikel von Walter Thiele, der zunächst einen batteriebetriebenen Mini-Plattenspieler in einen Plüschpapagei stopfte, der auf Knopfdruck den Jingle eines Hähnchenschnellrestaurants krächzte. Für die Erfindermesse 1968 in Brüssel steckte Thiele das Abspielgerät in eine Socke und löste mit dem Geschrei auf Knopfdruck große Begeisterung aus. Die Idee zur »lachenden Socke« war geboren.

Um der Socke ein besonders ansteckendes Lachen zu geben, veranstaltete der Erfinder einen Lachwettbewerb, bei dem über 100 Menschen ihr Gelächter zum Besten gaben. Der Sieger war, man staune, ein Finanzbeamter aus Nürnberg, dessen perfektes Lachen aufgenommen wurde und fortan aus einem kleinen Jutesack erklang.

In Deutschland kam der Lacher anfangs allerdings gar nicht gut an, weshalb sich Thiele seine Erfindung in Japan patentieren ließ – und ein Vermögen machte. Weltweit wurde der Scherzartikel weit über 120 Millionen Mal verkauft. Und der lachende Steuerfachmann? Dem hatte der Erfinder einmalig 1.000 DM oder zehn Pfennige pro verkauften Artikel angeboten. Als echter Beamter ging der fränkische Lachkönig auf Nummer sicher und verkaufte sein Lachen für 1.000 DM. Bitte nicht lachen.

Lotus verleiht Flügel

Was Flügel an einem Rennwagen zu suchen haben, ist klar: Sie sorgen
für zusätzlichen Abtrieb, der die Reifen auch bei hohen Kurvenge-
schwindigkeiten auf den Asphalt presst und damit einen Abflug verhin-
dert. Eine Erkenntnis, die Opel schon 1928 bei einem Raketenwagen
erfolgreich umsetzte, damit das Auto bei Zündung der Pulverraketen
nicht abheben konnte. Im Rennsport konzentrierten sich die Techniker jedoch weiterhin in erster Linie auf den Motor und machten sich
Gedanken um Gewicht und Wendigkeit der Fahrwerke. In den späten
1960er-Jahren dann, als in der amerikanischen Sportwagenklasse so
ziemlich alles erlaubt war, wurde erneut mit riesigen aerodynamischen
Fittichen experimentiert. Beim Großen Preis von Monaco 1968 stand
erstmals ein beflügelter Formel-1-Wagen am Start. Das Team Lotus
hatte seinem Lotus 49B sowohl im Frontbereich als auch an der Heck-
partie merkwürdige Anbauten verpasst, die mit nur wenig Gewicht
einen enormen Anpressdruck entfalteten. Bereits zwei Wochen später
präsentierten sich auch andere Teams mit frei stehenden Heckflügeln,
die fortan das Bild der Königsklasse prägen sollten. Die filigranen Plat-
ten wurden rasch immer höher und breiter, sodass bald Vehikel über
die Bahnen bretterten, die sehr einem überdimensionierten Teewagen
ähnelten. Nach einigen bedenklichen Unfällen wurden den Rennern die
Flügel jedoch wieder gestutzt.

Der Bildungsbaukasten

Spätestens zum Weihnachtsfest des Jahres 1968 zog mit dem ersten
Mini-Computer-Baukasten die Zukunft in die bundesdeutschen Spiel-
zimmer ein. 68 DM mussten Eltern berappen, die ihrem jugendlichen
Nachwuchs zum Fest »eine gründliche und praktische Einführung in
die Funktionsweise moderner Datenverarbeitung« angedeihen lassen
wollten. Nach einer ganzen Reihe von Chemie-, Physik- und Radiobas-
telkästen traf der Lehrmittelverlag »Kosmos« mit dem Spielcomputer
»Logikus« den Nerv der Zeit. Man war sich sicher: Der Partner der
Zukunft würde die Maschine sein, und wer die Funktion eines Compu-
ters nicht begreife, würde bald nirgendwo mehr mitreden können. Und
so bot der Bildungsbaukasten mit Steckbrett, Lämpchen, Schaltschie-
bern, elektrischen Weichen und einigen Dutzend weiteren Einzelteilen
jede Menge Möglichkeiten, die Logik jener modernen Elektronenhirne
nachzuempfinden, die wissenschaftliche Berechnungen durchführen
und Satelliten manövrieren. Durch unterschiedliches Einstöpseln der
Schaltungen konnte das Gerät zum einfachen Tischrechner oder zum
Wetterprognosecomputer, Geheimschriftübersetzer, Intelligenztester
oder Spielgerät programmiert werden. UND, ODER oder NICHT, das
war die logische Frage.

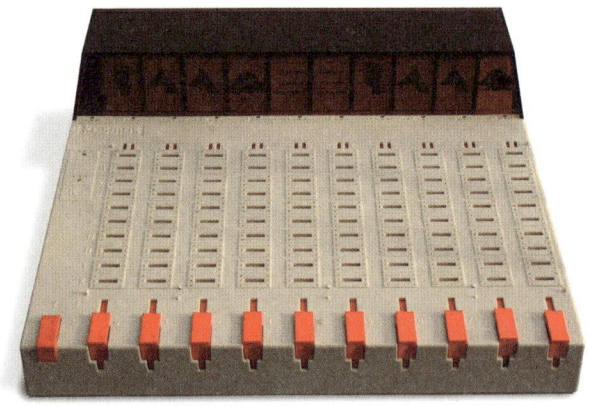

Bilderreise nach »früher«

Im Jahr 1968 hielten großformatige Bilderbücher Einzug in die Kinderzimmer und läuteten ein neues Buchzeitalter ein. Als Erfinder jener übergroßen Bücher, deren Seiten bis in den letzten Winkel mit zahlreichen Szenarien und vielfältigen Ereignissen angefüllt sind, gilt Ali Mitgutsch, der seinem Werk die lustig klingende Bezeichnung »Wimmelbuch« gab. Unter dem Titel »Rundherum in meiner Stadt« kam 1968 das erste Bilderbuch mit einem komplexen Szenengewimmel aus dem Stadtleben auf den Markt und gewann gleich den Jugendbuchpreis. Millionen von Kindern versanken in den wimmeligen Seiten und ließen sich spielerisch zu Konzentration und Fantasie anregen. Denn nur wer genau hinschaute, konnte bestimmte Gegenstände finden, kleine Geschichten entdecken oder eine Szene mit der eigenen Realität vergleichen. Und weil die Zeichnungen bis heute nicht verändert wurden, erlauben sie den Kindern von einst stets eine kleine Zeitreise nach »früher« – früher, als Inlineskater noch auf vier Rollen rollten, Fernsehgeräte noch klobige Flimmerkisten und Telefone noch Fernsprechapparate mit Wählscheibe waren.

Nur Fliegen war schöner

Auf den deutschen Straßen ging es in den 60ern brav zu. Die Vehikel sollten Vertrauen ausstrahlen, mussten ordentlich und anständig aussehen. Besonders die Marke Opel galt als Inbegriff der Biederkeit, deren Fahrer sich mit Hut und Zigarre hinter das Lenkrad klemmten. Und wenn die Rüsselsheimer doch einmal in die Designkiste griffen und in den Autosalons eine aufregend neue Karosserielinie enthüllten, war es lediglich eine Studie.

Auch der zweisitzige Sportwagen, der auf der IAA 1965 vorgestellt wurde, war ein handgefertigtes Experiment. Das schnittige Styling erinnerte mit seinem flachen Bug, den bauchigen Kotflügeln und dem scharfen Heck an die Form einer klassischen Coca-Cola-Flasche. Mit seinen Klappscheinwerfern, dem fehlenden Kofferraumdeckel und seinen vier runden Heckleuchten war der »Experimental-GT« ein echter Hingucker, der das Publikum begeisterte. Aber nein, nicht zu verkaufen.

Drei Jahre später, 1968, bot Opel das aerodynamische GT Sportcoupé in Serie an, das mit einem Preis ab 10.767 DM manchem Konkurrenten die Schau stahl. Neben dem Dreispeichenlenkrad, modernen Rundinstrumenten und Sicherheitsgurten besaß es Schalensitze, wahlweise mit Kunstleder oder Cord bezogen. Es gab ihn in den Versionen 1,1 l/60 PS und 1,9 l/90 PS, wobei Letzterer mit einer Beschleunigung von 0 auf 100 km/h in 10,8 Sekunden und einer Höchstgeschwindigkeit von 185 km/h protzte. Und da war bestimmt noch Luft nach oben, denn der Tachometer der »kleinen Corvette« reichte bis 240. Unter dem Titel »Nur Fliegen ist schöner« frischte Opel sein Hutträger-Image auch werbetechnisch auf: »Woooaamm!

Woooaammmm! Rrrrrrrrrrrroooooooo ooooooooooooooorrrr rrrrrrrrr!!!!«. Epochemachend, wie vieles aus dem Jahr 1968.

Es ist nicht so wichtig, daß wir ihn bauen. Wichtig ist, wie wir ihn bauen.

So.

Opel GT. Nur Fliegen ist schöner.

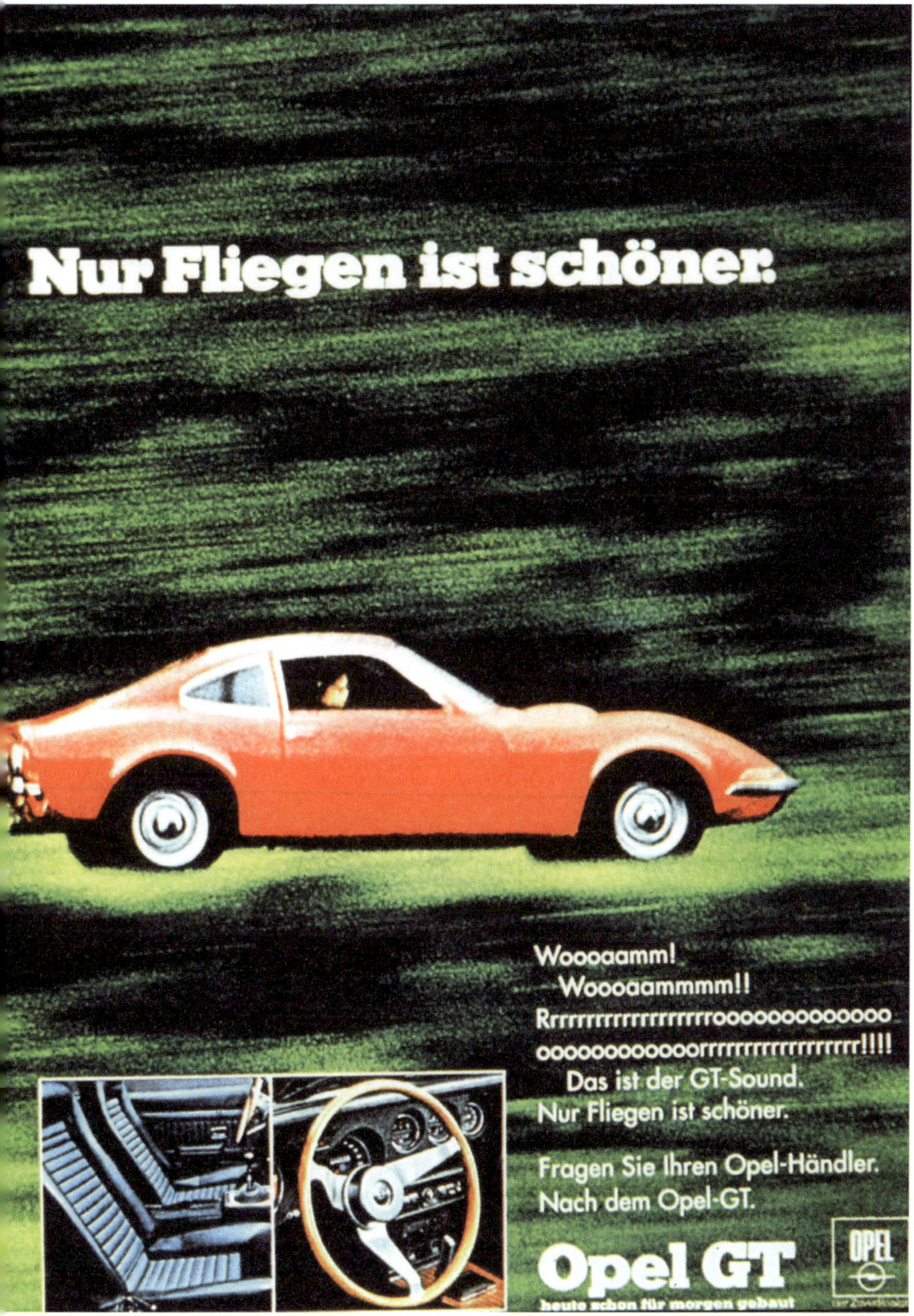

Nur Fliegen ist schöner.

Woooaamm!
Woooaammmm!!
Rrrrrrrrrrrrrrrrrrroooooooooooooo
oooooooooooorrrrrrrrrrrrrrrrrr!!!!
Das ist der GT-Sound.
Nur Fliegen ist schöner.

Fragen Sie Ihren Opel-Händler.
Nach dem Opel-GT.

Opel GT
heute schon für morgen gebaut

XXV
OLIMPIJADI
1992

10č

malta

Harry Borg   1992   Printex · Malta

Mit Flop zum Sieg

Es gibt Menschen, die einfach alles daransetzen, ganz hoch hinaus
zu kommen. Hoch, höher, am höchsten lautet ihre Devise, wenn sie
versuchen, mit Anlauf eine locker gelagerte Latte möglichst hoch zu
überspringen. Sprungkraft und Körperbeherrschung sind beim Hoch-
sprung die Grundvoraussetzungen – und die richtige Technik. Zunächst
wurde die Latte per »Frontalhocke«, dann mit dem »Schersprung«, dem
»Rollsprung« und schließlich bäuchlings mit dem »Wälzer« (»Straddle«)
angegangen. Doch mit keiner der traditionellen Techniken wollte es
dem US-Athleten Richard »Dick« Fosbury gelingen, seine Höhe zu
verbessern. Also begann er zu experimentieren. Als er beabsichtigte,
die Latte rücklings, mit dem Kopf voran, zu überqueren, riet ihm sein
Coach zu einer Karriere im Zirkus. Doch statt in der Zirkusmanege zu
landen, stand er im Sommer 1968 im mexikanischen Olympiastadion.
Bogenförmig lief er an, kurz vor dem Absprung drehte er seinen Rumpf
und überwand die Latte rücklings, mit dem Kopf zuerst und ohne
sich das Genick zu brechen. Noch schüttelten die Kenner und Könner
ungläubig ihre Köpfe, während das Publikum seine spektakulären Flüge
mit begeistertem »Olé« begleiteten: 2,24 m, Sieg und Goldmedaille!
»Dick« wurde gefeiert, und der revolutionäre »Fosbury-Flop« avancierte
zur Standardtechnik der Topathleten.

Aufräumtechnik

Jeder halbwegs unverdorbene Junge, der seine Jugend in den frühen 1980er-Jahren erlebte, stand auf Action. Man liebte schnelle Autos, schnelle Mopeds und schnelle Fäuste und war größter Fan von Bud Spencer, der mit seiner beidhändigen Doppelbackpfeife und abschließendem »Dampfhammer« unter den bösen Buben aufräumte. Eine viel, viel bessere »Aufräumtechnik« war allerdings der »Roundhouse-Kick«, der zwar auf dem Pausenhof verpönt war, mit dem man aber im Freundeskreis echt Eindruck schinden konnte.

Keiner beherrschte diese Fußtritttechnik der asiatischen Kampfkünste besser als Chuck Norris, der Mann, der bekanntlich keinen Honig aß, sondern Bienen kaute. Es war einfach bewundernswert, wie er wortkarg und mit unbewegtem Gesichtsausdruck den stahlharten Macho gab, der mit viel Geballer und dem charakteristischen horizontalen Fußschlag den Ganoven der Welt zu Leibe rückte. Einfach umwerfend. Aus wahren Perlen der Cineastik, wie »Rollkommando«, »Delta Force« und »Missing In Action« lernten wir, wie es vielleicht gehen könnte, dem Oberidioten der Schule ganz cool einen zu verpassen … Und was das mit 1968 zu tun hat? Unser Held Carlos Ray Norris Jr. gewann just in jenem Jahr erstmals die Karateweltmeisterschaft und erhielt seine erste Rolle in einem Kinofilm. Als die Jugend der 1968er geboren wurde, erblickte die Legende mit der ultimativen »Aufräumtechnik« das Licht der Kinowelt.

68er-Jungs, die's drauf haben

Anthony (Frank) Hawk, Skateboard-Techniker und Titelfigur einer Videospielserie.

Axel Schulz, gewann als Linksausleger 26 seiner 33 Profikämpfe im Schwergewicht.

Billy Boyd, wurde als Schauspieler groß, als er sich als Hobbit »Pippin« klein machte.

Bully (Michael) Herbig, machte Winnetou und Captain Kirk erfolgreich zu Witzfiguren.

Christopher (Johnson) McCandless, reales Vorbild für den Krakauer-Bestseller »Into the Wild«.

Cuba Gooding Jr., saß in »Prinz aus Zamunda« auf dem Frisörstuhl und gewann einen Oscar.

Daniel (Wroughton) Craig, darf als James mit tollster Technik spielen und nebenbei die Welt retten.

DJ Bobo (Peter René Baumann), Eurodance ist tot, doch der »King of Dance« lebt.

Erol Sander (Urçun Salihoğlu), war bei Oliver Stones Epos »Alexander« dabei und ermittelt heute in Istanbul.

Hugh (Michael) Jackman, demonstrierte, dass man auch mit Adamantium-Krallen zum Sexiest Man Alive werden kann.

Jerry Yang Chih-Yuan, nahm sich mit »Yahoo!« ein Stück vom Google-Kuchen.

Jörg Thadeusz, macht keine Talkshows, sondern Gesprächssendungen.

Will(ard Christopher) Smith, »Independence Day« und »Men in Black« machten ihn zum Anti-Alien-Weltstar.

Lawrence Mark Sanger, bewahrheitete mit »Wikipedia«, dass das größte Nachschlagewerk der Welt kein Regal braucht.

Mathias Rust, bewies, dass auch kleine Flieger bis nach Moskau kommen.

Mika (Pauli) Häkkinen, mit Hunderten PS gleich zwei Mal Weltmeister.

Marco Börries, entkräftete mit »StarWriter« und »StarOffice« die Allmacht von Microsoft.

Owen (Cunningham) Wilson, groß in »Armageddon« und ziemlich klein in »Nachts im Museum«.

Michael (Detlef) Stich, hinter Boris Becker »nur der Zweite«.

Smudo (Michael Bernd Schmidt)und **Thomas D (Dürr)**, hippen, hoppen und rappen für »Die Fantastischen Vier«.

Oliver Bierhoff, erst Spieler, dann Manager.

Thom(as Edward) Yorke, steht bei den Rockern von »Radiohead« ganz vorne.

Rodrigo Andrés González Espindola, Rock-Pop-Punk-Sänger bei »Die Ärzte«.

Uwe Tellkamp, schrieb sich mit »Der Turm« ganz nach oben.

/8 – Strich-Acht

Mit klaren Linien und zeitloser Form ohne modischen Schnickschnack rollte ab Anfang 1968 ein Auto über die deutschen Straßen, dem es erstmals gelingen sollte, den VW Käfer kurzfristig von der Spitze der Neuzulassungen zu verdrängen. Die von Mercedes-Benz entwickelte Kompaktklasse der Baureihe W 114/W 115 erwies sich als Megaseller, der sich häufiger verkaufte als alle Sternträger seit 1945 zusammen. Der »Strich-Acht« – der Spitzname geht auf die Zusatzbezeichnung »/8« der neuen Modellgeneration ab 1968 zurück – avancierte mit solider Technik und bezahlbaren Preisen zum ersten Volks-Mercedes. Besonders die robusten Dieselversionen erfreuten sich bei Taxiunternehmen großer Beliebtheit und prägten mit ihrem beigefarbenen Lack über Jahrzehnte das städtische Straßenbild. Und kaum ein landwirtschaftlicher Betrieb, auf dem nicht bald ein »Bauern-Benz« zu finden war. Den Rekord hält übrigens der 240 D eines griechischen Taxifahrers, der zwischen 1976 und 2004 mit drei Austauschmotoren 4,6 Millionen Kilometer bewältigte. Geräumig, genügsam und zuverlässig überflügelte der »Strich-Acht« sowohl den VW 411 und den Opel GT als auch den Jaguar XJ 6 und den Lamborghini Espada, die ebenfalls 1968 Premiere hatten.

Hier kommt die Maus

Bilder von Demonstrationen, auf denen sich Studenten und Bürgerrechtler gegen erstarrte Gesellschaftssysteme auflehnten, beherrschten 1968 weltweit die Schlagzeilen. Was sich allerdings am 9. Dezember des Jahres auf einer Tagung amerikanischer Informatiker zutrug, sollte als »Mutter aller Demos« in die Technologiegeschichte eingehen.

Etwa 2.000 Zuschauer hatten sich in der abgedunkelten Brooks Hall versammelt und lauschten einem Vortrag von Dr. Douglas C. Engelbart. Der Ingenieur sprach über sein »Forschungszentrum zur Erweiterung des menschlichen Geistes«, wobei es jedoch keineswegs um die aufkommende Hippiebewegung und deren Experimente mit bewusstseinserweiternden Substanzen ging. Mittels einer riesigen Videoprojektionswand begeisterte er das Fachpublikum mit einer Hightechperformance, bei der er mit merkwürdigen Geräten die physische Interaktion zwischen Mensch und Maschine vorführte.

Zur Demonstration einer grafischen Oberfläche und eines Live-Videochats nutzte er ein kleines, bewegliches Kästchen mit drei Knöpfen, das er im Jahr zuvor als »X-Y-Positionsanzeiger für Bildschirmsysteme« zum Patent angemeldet hatte und das von den Mitarbeitern kurz als »Maus« bezeichnet wurde. Es war der erste öffentliche Auftritt einer Computermaus, mit deren Weiterentwicklung Jahre später Steve Jobs zu Weltruhm gelangte. Engelbarts Computerpräsentation war eine Techniksensation, die ein betörter Zuhörer gar als das »nächste große Ding nach LSD« bezeichnete.

Das Megapuzzle

Dass die alten Ägypter technische Genies waren, besonders wenn es ums Bauen ging, beweisen nicht nur die Pyramiden. Auch der Tempel von Abu Simbel, den Pharao Ramses II. vor 3.200 Jahren in einen Felsen ganz im Süden des Landes meißeln ließ, war eine Meisterleistung. Allein den vier 20 Meter hohen Steinporträts – jede Nase misst einen Meter – zollen Ingenieure noch heute höchsten Respekt. Und all das sollte Anfang der 1960er-Jahre im Assuanstausee versinken. Die UNESCO rief zu einer Rettungsaktion auf, für die überall auf der Welt die spektakulärsten Pläne ersonnen und ernsthaft geprüft wurden. Einige wollten die Anlage mit einem gigantischen Damm umgeben, andere empfahlen eine Art riesiges, über 60 m hohes Aquarium mit Touristenliften oder wollten dem ganzen Berg gar eine kolossale hohle Pyramide überstülpen. Abenteuerlich war auch die Idee, den Tempel komplett aus dem Berg herauszusägen, um ihn dann mit 300 Hydraulikhebern oder in einem Schwimmdock auf das spätere Seeniveau zu hieven. Die Rettung kam schließlich aus Schweden und konnte unter deutscher Führung innerhalb von vier Jahren umgesetzt werden: Man zersägte den Tempel in 1.036 Blöcke von jeweils 20 bis 30 Tonnen, nahm dazu noch 1.112 Felsstücke aus der Umgebung und verfrachtete alles 180 Meter landeinwärts. Dann wurde über einer Stahlkonstruktion ein künstlicher Berg aufgeschüttet und das Megapuzzle wieder zusammengesetzt. Im September 1968 war der Mammut-Umzug vollbracht.

Hier wird getunnelt

Um den stetig wachsenden Güter- und Personenverkehr über die Elbe zu erleichtern, wurde in Hamburg bereits 1911 der »St. Pauli-Elbtunnel« eröffnet. Die Elbe-Unterquerung, bei der die Fahrzeuge umständlich mit Fahrstühlen hinabgelassen wurden, war eine Meisterleistung der Zeit und wurde zum 100. Geburtstag als »Historisches Wahrzeichen der Ingenieurskunst in Deutschland« ausgezeichnet.

Mitte der 1960er-Jahre wurde eine weitere unterirdische Verbindung der beiden Elbufer genehmigt. Am 20. Juni 1968 begann das Projekt »Neuer Elbtunnel«, das seinerzeit aufwendigste und schwierigste Bauwerk Deutschlands. Um die sechsspurige Straße in drei Röhren etwa 30 Meter tief unter den Normalwasserstand der Elbe zu legen, wurden fast 3,5 Mmillionen Quadratmeter Erdreich bewegt und 270.000 Tonnen Stahlbeton verbaut. Eine besondere Herausforderung war dabei, dass erstmals alle drei klassischen Methoden des Tunnelbaus kombiniert wurden: die althergebrachte Baugrube, das Bohren mittels Schildvortriebverfahren unter Druckluft und das Absenken von fertigen Segmenten in eine zuvor ausgegrabene Rinne. Bei seiner Einweihung 1975 zählte der Neue Elbtunnel mit einer Gesamtlänge von 3.325 Metern zu den längsten Unterwasserstraßen der Welt. Übrigens war auch Mike Krüger mit von der Partie, nicht als Blödelbarde, sondern als Stahlbetonbauer.

Das gibt's seit 1968!

Neben Computern, Weltraumvehikeln und anderen Megafahrzeugen wurden 1968 auch zahlreiche Erfindungen gemacht, die zwar meist weniger bekannt, aber nicht weniger nutzbringend waren.

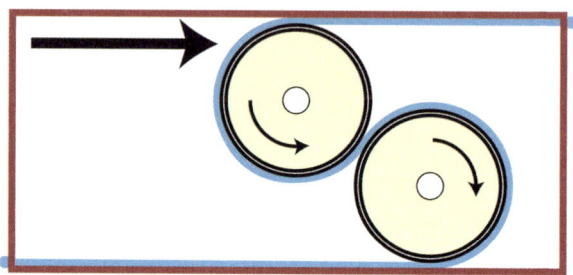

Da gab es zum Beispiel die als »Rolamit« bezeichnete Technologie für sehr reibungsarme Lager – Linearlager mit Walzen, die sich in s-förmig geschlungenen Bändern drehen und sehr viel weniger Reibung aufwiesen als die besten Kugellager jener Zeit aufwiesen. Sie wurden sogar als die einzige grundlegende mechanische Erfindung des 20. Jahrhunderts gepriesen.

Erwähnt werden müssen selbstverständlich auch die NC-111A, die weltweit erste CNC-gesteuerte Holzbearbeitungsmaschine, die Babyflasche mit Thermometer, die Programmiersprache »Pascal«, das erste Lawinenverschütteten-Suchgerät und die erste handgeführte Lamello-Nutfräsmaschine.

Natürlich ist die erste funktionierende LCD-Anzeige bis heute von Bedeutung, ebenso wie Raketen mit mehreren unabhängig voneinander steuerbaren atomaren Gefechtsköpfen, die 1968 erstmals erfolgreich getestet wurden.

Auch in der Medizin wurden seinerzeit wichtige Fortschritte gemacht: In München gelang 1968 erstmals die vollständige Synthese des Hormons Glucagon (einer Schlüsselsubstanz des menschlichen Stoffwechsels) in der Retorte, Harvard-Professoren definierten ein Paradigma für den Hirntod, und in den USA demonstrierten Psychologen zum ersten Mal den »Bystander-Effekt«, jenes Phänomen, bei dem Zeugen eines Unfalls weniger bereit sind, Hilfe zu leisten, je mehr andere Zuschauer hinzukommen. Einen medizintechnischen Quantensprung bedeutete das Foto einer Krebszelle, das erstmals mit einem Raster-Elektronen-System geschossen werden konnte.

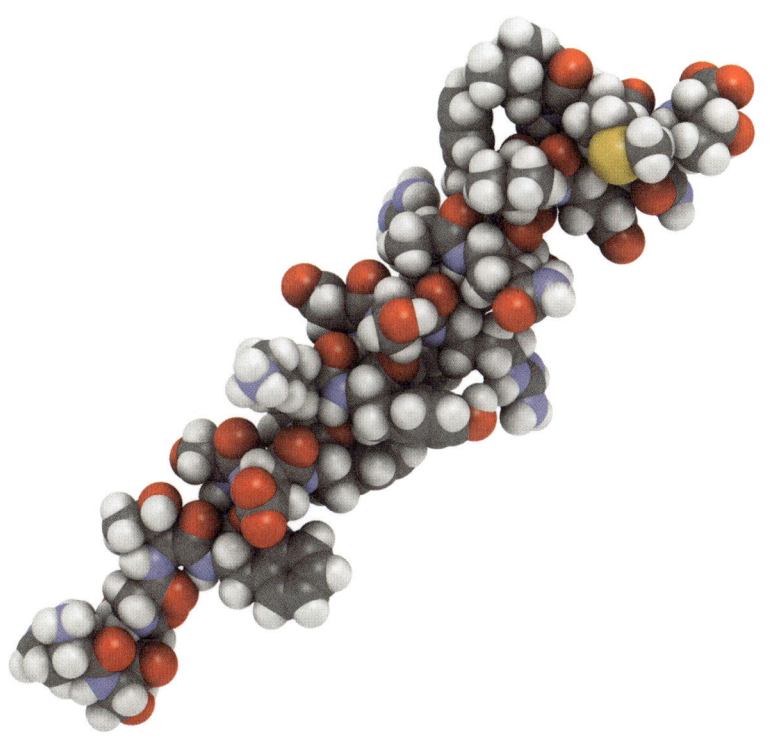

Sicherheitshalber

Des Deutschen liebstes Kind ist und war das Automobil. Das zeigte sich besonders in den 1960er-Jahren, als der wirtschaftliche Aufschwung seinen Höhepunkt erreichte. Selbstbestimmtes Reisen ohne lästiges Umsteigen bescheinigte die persönliche Modernität, und das Vehikel wurde zum wichtigen Statussymbol, das am Wochenende in aller Öffentlichkeit gewaschen, gehegt und gepflegt wurde.

Doch mit der steigenden Anzahl von Fahrzeugen und deren zunehmender Leistung nahm auch die Zahl schwerer Unfälle rapide zu. In dieser Hinsicht kommt dem Jahr 1968 eine besondere Bedeutung zu, da einige wichtige Schritte bezüglich der Verkehrssicherheit in Angriff genommen wurden. So wurde auch in Deutschland die Typprüfung von Sicherheitsgurten vorgeschrieben, obwohl ein Kritiker eine »Anschnallpsychose« befürchtete und meinte: »Das Sicherste an den Sicherheitsgurten scheint mir zweifellos das Geschäft, das im Augenblick damit gemacht wird!«

Neu waren auch Scheibenwischer mit Intervallschalter, die im Jahr zuvor in den USA patentiert worden waren. Zudem mussten Pkws und Lkws ab Mai ein Warndreieck mitführen. Und damit aufrichtige Sonntagsfahrer nicht mehr als gefährlich langsame Wanderdünen über die neuen Autobahnen trödelten, wurde auf einem Abschnitt zwischen Wiesbaden und Frankfurt versuchsweise eine Richtsatzgeschwindigkeit eingeführt.

Eine Europapremiere feierte 1968 auch eine Erfindung, die die Amerikaner schon 1918 in einen Cadillac verbaut hatten und die nun den Fahrern des neuen Citroën DS heimleuchtete – das schwenkbare Abblendlicht bzw. Kurvenlicht –, während der BMW 2500 erstmals mit Doppelscheinwerfern prahlte.

Die Fahrzeugbeleuchtung war 1968 grundsätzlich ein großes Thema, da besonders hochwertige Autos immer häufiger mit den neuen Halogenscheinwerfern daherkamen. Angesichts solcher Wunderlampen,

die mit doppelter Leuchtkraft und doppelter Reichweite alle herkömm-
lichen Glühbirnen als Funzeln in den Schatten stellten, sprachen die
Verkehrsfachleute bereits von einem »Lichtkrieg« auf den bundesdeutschen Straßen. Und im Winter 68/69 nagelten in Deutschland die ersten
Radialreifen (Gürtelreifen) mit Spikes über die Pisten. Übrigens: Auto
des Jahres 1968 war der NSU Ro 80.

Elefantöse Königin

Er war der »König der Elefanten« und wurde zum Synonym für gewaltige Größe. Der afrikanische Elefant »Jumbo« wurde weltweit gefeiert und legte eine beispiellose Karriere als Zootier hin, bis er 1885 nach der Kollision mit einer Lokomotive verstarb. Sein Name wurde zur Legende, der man in den 1960er-Jahren Flügel verlieh. In jenen Tagen schienen der Ingenieurskunst keine Grenzen gesetzt, und alles Neue musste schneller, größer und effektiver sein. Auch die zivile Luftfahrt träumte von Riesenfliegern, die sämtliche Dimensionen der damaligen Zeit sprengten. »Wenn Sie es bauen, dann kauf ich es«, meinte der Chef der Pan American Airways. »Wenn Sie es kaufen, dann bau ich es«, erwiderte der Chef von Boeing. Alsbald war der bis dahin größte Einzelauftrag einer Airline unterschrieben, und die Techniker machten sich ans Werk, ein fliegendes Monstrum zu konstruieren. Allein um den gigantischen Vogel zusammensetzen zu können, errichtete das Boeing-Werk in Everett die bis heute nach Grundfläche und Volumen (39,9 Hektar, 13,3 Millionen Kubikmeter) größte Halle der Welt. Am 30. September 1968 öffneten sich deren Tore zum »Roll-out«. Zum Vorschein kam ein 70 Meter langer 355-Tonnen-Koloss mit auffälligem Buckel, Platz für über 550 Passagiere und gewaltigen Triebwerken, die problemlos einen VW Käfer einsaugen konnten. Obwohl als »Pan Am Titanic« verunglimpft, schwang sich die »seven-four-seven« zur »Königin der Lüfte« auf und revolutionierte als elefantöser »Jumbo-Jet« die Luftfahrt.

»Fred« & »Concordski«

Noch größer, noch schneller, noch weiter, so hieß die Devise der
1960er-Jahre. Sowohl dies- als auch jenseits des Eisernen Vorhangs
befanden sich die Ingenieure im Wettkampf um den ideologischen
Lorbeerkranz. Um die Überlegenheit der jeweiligen Weltanschauung zu
demonstrieren, wurden weder Kosten noch Mühen gescheut. Und so
konnten 1968 gleich zwei Konstruktionen vorgestellt werden, die zu den
Meilensteinen der Luftfahrt zählen. Im Juni stieg in den USA der erste
Prototyp einer Lockheed C-5A Galaxy auf. Ein Monsterbrummer mit
diversen Superlativen: mindestens 100 Tonnen Nutzlast, über 10.000 Kilo-
meter Reichweite, riesige Frontklappe und darüber hinaus fähig, auf
halb befestigten Rumpelpisten zu landen. 1970 in Dienst gestellt, war die
Galaxy bis 1982 das größte Flugzeug der Welt. Da sich jedoch außer dem
Militär niemand für den strategischen Flieger interessierte, erhielt der
Gigant den Spottnamen FRED (Fantastic Ridiculous Economic Disaster,
etwa: wahnwitziger lächerlicher wirtschaftlicher Misserfolg). Am letzten
Dezembertag des Jahres konterten die Russen mit dem Erstflug einer
Tupolev TU-144, dem ersten Überschallverkehrsflugzeug. Aufgrund der
konstruktionsbedingten Ähnlichkeit mit der zwei Monate später vorge-
stellten Concorde war der Spitzname »Concordski« bald gefunden. Erst
1977 nahmen die Mach-2-Superflieger ihren Dienst auf, um nach nur
acht Monaten wegen Unwirtschaftlichkeit eingemottet zu werden.

Erstmalig, einmalig und letztmalig

Auch für den Fußball sollte 1968 ein ganz besonderes Jahr werden. Nicht unbedingt für den deutschen, aber für den europäischen Rasensport. Im Juni des Jahres wurde die Endrunde der ersten Fußballeuropameisterschaft (zuvor Europa-Nationenpokal) nach heutigem Muster ausgetragen, an deren Qualifikation zum ersten Mal alle großen europäischen Fußballnationen teilnahmen. Allerdings verpasste die deutsche Mannschaft die Endrunde (zum ersten und einzigen Mal), als sie gegen Albanien nicht über ein 0:0 hinauskam. Das blamable Ergebnis ging als »Schmach von Tirana« in die Fußballgeschichte ein.

Spannend wurde es im Halbfinale, als es im Spiel zwischen Italien und der Sowjetunion nach Verlängerung 0:0 stand. Das Spiel wurde, da das Elfmeterschießen noch nicht zum Reglement gehörte, per Münzwurf in der Schiedsrichterkabine entschieden – zum letzten Mal in einem internationalen Wettbewerb. So zog Italien ins Endspiel gegen Jugoslawien ein, das ebenfalls unentschieden ausging. Da es die Elfmeterentscheidung nicht gab und man den Münzwurf in diesem Fall als ungerecht empfand, mussten die Spieler zwei Tage später nochmals antreten. Italien gewann beim Wiederholungsspiel mit 2:0 seinen bisher einzigen Europameistertitel. Zwei Jahre später wurden die Regeln des Entscheidungsschießens vom Elfmeterpunkt aus offiziell aufgenommen.

Revolution am Gartenzaun

Ein Samstagnachmittag 1968: Der Rasen ist gemäht, der Bürgersteig gefegt, und auch das Auto blitzt tipptopp – es ist Zeit, mit dem Nachbarn am Gartenzaun bei einem Bierchen über die Belange der Welt zu plaudern. Vietnamkrieg, Raketenstarts, Studentenunruhen oder der neue Kinofilm »In der Hitze der Nacht«, der gerade in den bundesdeutschen Kinos lief, boten jede Menge Diskussionsstoff. Und was war mit dem jüngsten Ministervorschlag, den zulässigen Blutalkoholgehalt beim Autofahren von 1,5 auf 0,8 Promille zu senken? War doch klar, dass die Schnapsindustrie protestierte. Aber Bier in braun eingefärbten Plastikflaschen? Die Paderborner Brauerei hatte jahrelang getüftelt und kam nun testweise mit leichtgewichtigen Wegwerfbierflaschen aus PVC auf den Markt. Das traditionelle, gute, reine Kaltgetränk in einem neumodischen Poly-Dingsbums-Behälter? Aus Dosen, gut, zur Not, aber aus Plastik? Man(n) war kritisch. Die wahre Revolution in Sachen Bier kam einmal mehr aus Bremen. Mit dem »Zweiklappenkarton«, in dem sechs grüne 0,33-l-Glasflaschen bequem transportiert werden können, veränderte »Beck's« 1968 den Biermarkt nachhaltig. Aus dem ursprünglichen »Beck'ser« wurde später der »Sixpack«, mit dem die Brauerei heute die Hälfte ihrer Durstlöscher vertreibt. »Revolution ist machbar, Herr Nachbar!« Na dann, Prost!

Renn-Ikone, Filmstar und Dollar-Rekord

Um die Kunstfertigkeit seiner Ingenieure zu beweisen, wollte der Autohersteller Ford zu Beginn der 1960er-Jahre wieder in den Rennsport einsteigen. Es stand sogar eine Vereinigung von Ford und Ferrari zur Debatte. Der Deal kam nicht zustande, Ford-Chef Henry Ford II war sauer und ließ seine Leute ein Auto bauen »to kick Ferrari's ass«. Es entstand ein Bolide der Gran-Tourismo-Klasse, der mit einer Höhe von nur 40 Zoll (ca. 102 cm) und Geschwindigkeiten jenseits der 300-km/h-Marke den Italienern das Fürchten lehrte. Mit dem GT-40 heimste Ford von 1966 bis 1969 beim Langstrecken-klassiker »24 Stunden von Le Mans« die Siegestrophäen ein und wurde als Ferrari-Killer zu einer Ikone des Rennsports.

Der berühmteste Vertreter der legendären Reihe rollte 1968 aus der Werkstatt, fuhr erfolgreich in Daytona und Le Mans mit und wurde schließlich bei den Dreharbeiten für den Spielfilm »Le Mans« mit Steve McQueen als Kamerafahrzeug eingesetzt. Der Streifen von 1971 ging als authentischster Rennfilm aller Zeiten in die Kinogeschichte ein, nicht zuletzt weil die Bilder aus dem Auto während eines originalen Rennens gedreht wurden.

Vorerst letzter Höhepunkt: 2012 erzielte die 1968er-Rennschleuder auf einer Auktion die Rekordsumme von 11 Millionen Dollar, so viel hatte bis dahin noch niemand für ein amerikanisches Auto gezahlt. Baujahr 1968! Noch Fragen?

PS: Für den roten Flitzer Lightning McQueen, den Star aus der berühmten Animationsfilmreihe »Cars«, soll es angeblich kein reales Automodell als Vorlage geben. Einige meinen, es könne eine Corvette von General Motors, ein Pontiac Firebird oder eine Dodge Viper sein. Wir wissen es natürlich besser: Es kann nur der Ford GT-40, Baujahr 1968, sein.

Gestaltete Zukunft

Ein tragbarer Computer mit weniger als ein Kilogramm Gewicht und einem berührungssensitiven Bildschirm in Notizbuchgröße, reaktionsschnell, mit anderen Geräten vernetzt und zudem für jedermann erschwinglich – das ist im Jahr 1968 wahre Science-Fiction. Tatsächlich taucht solch ein Gerät unter der Bezeichnung »Newspad« im Hollywoodklassiker »2001 – Odyssee im Weltraum« von Stanley Kubrick auf, der 1968 die Kinogänger faszinierte. Allerdings hätte man wohl jedem, der in jenen Tagen prophezeite, dass dereinst, vielleicht in 50 Jahren, zig Millionen Menschen über die Erde wandeln und dabei solche winzigen Computer mit sich tragen würden, ernsthafte Wahrnehmungsstörungen attestiert. Doch: »The best way to predict the future is to invent it«, meinte der Ingenieur Alan Kay, und entwickelte in jenen Tagen eine vernetzbare Lernmaschine für »Kinder jedes Alters«, die er »Dynabook« taufte. Das Gerät sollte ein persönliches, dynamisches Medium sein, in dem Dokumente, Texte, Bilder, Musik und Animationen gespeichert und mit anderen ausgetauscht werden können. Der Prototyp des Dynabook gilt heute als die Mutter aller Laptops, Notebooks und Tablets und verschwand – handlich, wie es war – in einer Schublade. Erst zum Jahrtausendwechsel entsannen sich einige Experten des Dynabook-Prinzips, der Rest ist gestaltete Zukunft.

1968

Kopfmontiert

Ganz einfach: Man zieht sich ein Headset über, klemmt das Smartphone davor – und schon ist man Teil einer digitalen Welt, in der sich gefräßige Dinosaurier oder zänkische Außerirdische tummeln. Die Technologie ist wahrlich beeindruckend und wird uns seit einigen Jahren als neueste Schöpfung der Computergiganten angepriesen.

Was allerdings beim Lobpreisen der schönen neuen Welt unerwähnt bleibt, ist, dass die virtuelle Realität schon seit 1968 Realität ist. In einer Welt ohne Personal Computer und smarte Telefone beschäftigte sich der Elektroingenieur Ivan Sutherland intensiv mit hardwarebeschleunigter 3-D-Grafik und Echtzeithardware. Bereits 1967 machte er erste Versuche, dem Menschen mittels Brille visuelle Informationen einzublenden.

Nur zwölf Monate später stellte er der verblüfften Öffentlichkeit das erste »Head Mounted System« (HMD) vor, ein funktionsfähiges Headset für virtuelle Realität. Zugegeben, der angeschlossene Computer hatte noch die Größe eines Kleiderschranks, und das HMD – Sutherland nannte es »The Sword of Damocles« – war derart schwer, dass man es mit einem Gestell an die Raumdecke hängen musste.

Trotzdem, mit dem neuartigen Displaysystem konnten dem Träger zwar noch keine Dinos, aber erstmals einfache Muster in digitaler Form vor die Augen gelegt werden. Das erste in der virtuellen Realität abgebildete Objekt war ein im Raum schwebender Drahtgitterwürfel mit einer Kantenlänge von 5 cm. Wahhhhnsinn!

Zocker-Apparatus

Wenn sich heute die Zocker zur Games Convention verabreden, um die neuesten Konsolen und Spiele in Augenschein zu nehmen, können sich die Herren von Microsoft, Nintendo und Sony sicher sein, dass in ihren Kassen wieder die Millionen klingeln. Die Grundlagen für den gigantischen Spielemarkt schufen jedoch keine nerdigen Programmierer, sondern handfeste Bastler, die ihre Transistorenhardware noch selbst zusammenlöteten. So auch der deutschstämmige Techniker Ralph Baer, der schon Mitte der 1960er-Jahre vom spielerischen Potenzial der Fernsehgeräte überzeugt war. Er ertüftelte 1968 die »Brown Box«, eine Kiste mit klobigen Kontrolldrehschaltern, mit denen man auf dem Fernsehbildschirm diverse Lichtpunkte bewegen konnte – die Geburtsstunde des Videospiels. Bear ließ sich seine Box als »Television Gaming Apparatus and Method« patentieren. 1972 brachte der US-Elektronikkonzern Magnavox den Apparat unter dem Namen »Odyssey« als erste kommerzielle Spielkonsole auf den Markt. Gut, die Spielauswahl war bescheiden, und das jeweilige Spielfeld musste auf dem Bildschirm befestigt werden. Und ja, das Gerät gab keinen Piep von sich und war eher behäbig, aber dafür lagen zum Zählen der Spielstände passende Ergebniszettel bei. Aber – 2013 wurde die Konsole in das Museum of Modern Art aufgenommen.

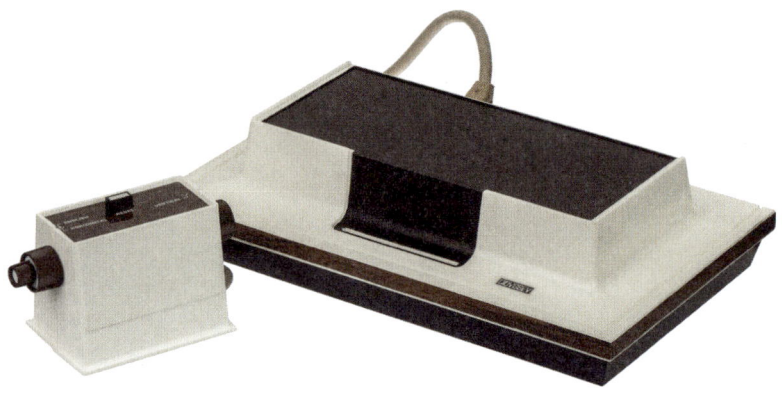

Nadel-Sinfonie

Es gibt sie, jene besonderen Geräusche, die einen zweimal hinhören lassen. Etwa das zarte »Tschlak«, wenn ein mechanischer Fotoapparat ausgelöst wird, oder das immer eiliger werdende »Widwidwidwid« beim Vorspulen einer Musikkassette. Solche unverkennbaren Laut-Antiquitäten, die einst zu den alltäglichen Geräuschquellen zählten, fristen heute ein Schattendasein und sind höchstens noch bei Nostalgikern zu erlauschen.

Doch während das Klackern der Telefonwählscheibe ebenso wie das hochfrequente Piepsen der Fernbedienung längst ausgestorben sind, hat sich ein eindringliches Betriebsgeräusch bis heute seine Berechtigung bewahrt: »Driii, driii, driiiiii, wwwwwt, driiii, driii«.

1968 kam mit dem »Wireodot« der japanischen Firma OKI der erste Nadeldrucker auf den Markt, der rasch die Büros der Welt eroberte. Die durchschlagenden 9- und 24-Nadel-Drucker wurden vielerorts längst von flüsterleisen Tintenstrahl-, Laser- oder Thermodruckern abgelöst, aber nie vollständig verdrängt. Wenig Wartung, hohe Lebensdauer, geringe Verbrauchskosten sowie das Drucken mit Durchschlägen sind die Argumente dafür, dass Nadeldrucker bis heute in Schulen, Arztpraxen und Werkstattbüros im Einsatz sind.

Im Jahr 2013 wurde die Erfindung sogar mit dem Prädikat »technologisch wertvolles Erbe« ausgezeichnet. Sicherlich gibt es schönere Klänge, aber irgendwie hat es was, dieses markige »Driii, driii, driii« – eine Sinfonie von Nadeln.

Der Nukleardampfer

Russland hatte eines fürs Eis, die Amerikaner hatten eines für die Forschung, und nun wollte auch Deutschland eines für Fracht und Forschung: ein Atomschiff. Die »Otto Hahn«, die in den Seemannshandbüchern die Klassifikation »NS« (Nuclear Ship) erhielt, war bereits 1964 vom Stapel gelaufen. In den folgenden vier Jahren bekam der 172-Meter-Frachter einen 190 Tonnen schweren Stahlkessel samt Betonwänden implantiert, in dem ein fortschrittlicher Druckwasserreaktor mit drei Tonnen Uranbrennstoff 11.000 PS erzeugten. Am 11. Oktober 1968 stach die »gebremste Bombe«, wie Kritiker den damals modernsten Frachtdampfer der Welt nannten, in See. Bis 1979 legte die »Otto Hahn« 650.000 Seemeilen zurück, das entspricht 30 Erdumrundungen, wobei sie Berge technischer Daten sammelte und hin und wieder auch Massengüter transportierte. Am Ende bewies sie, dass Kernenergie auf dem Wasser durchaus eine technisch erprobte, aber noch lange keine wirtschaftliche Alternative bot. Der schornsteinlose Imagedampfer deutscher Industrie und Forschung wurde stillgelegt, zurückgebaut und tat noch viele Jahre Dienst als Diesel-Containerschiff. Ende 2009 trat das einzige deutsche Atomschiff seine letzte Reise an, es ging zum Abwracken nach Bangladesch. Mit an Bord war übrigens der berühmteste Experte für letzte Fahrten auf See: Lothar-Günther Buchheim, Autor von »Das Boot«.

Kritische Geschichte

In den Morgenstunden des 22. Septembers 1968 wurde es am Neckar erstmals kritisch. Nahe einem kleinen Örtchen zwischen Heidelberg und Heilbronn hatten die Techniker mit der entscheidenden Testphase im neuen Kernkraftwerk Obrigheim (KWO) begonnen, das als sogenanntes Demonstrationskraftwerk errichtet worden war. Die Steuerelemente wurden bis auf ein Drittel Eintauchtiefe ausgefahren und die Borsäurekonzentration im Kühlmittel langsam reduziert. Um 5.45 Uhr erreichte der Reaktor schließlich seinen kritischen Zustand, und die Kettenreaktion begann. Alles ging gut. Sieben Tage später speiste der erste kommerziell genutzte Druckwasserreaktor Strom in das Verbundnetz, und Deutschland war zweifelsohne im Atomzeitalter angelangt. Schon bei der Planung und dem Bau der Anlage hatten die Ingenieure in vielerlei Hinsicht Pionierarbeit geleistet. Aber auch in den folgenden nahezu 37 Betriebsjahren forderte das KWO den Technikern hinsichtlich entstandener Schäden, möglicher Verbesserungen und gravierender Sicherheitsmängel stets Höchstleistungen ab. Und selbst heute, die Anlage wurde am 11. Mai 2005 um Punkt 7.58 Uhr abgeschaltet, setzt der Rückbau immer wieder neue Maßstäbe. Im Jahr 2025 soll der einstige Vorzeigereaktor des Landes endgültig Geschichte sein.

Heiße Kurven, heiße Reifen

Barbara Millicent Roberts kam Anfang der 1960er-Jahre aus Amerika und erwarb sich unter Puppenmüttern als »Barbie« einen Bekanntheitsgrad von 100 %. 1968 erhielt ihre Familie Zuwachs durch die kindlichen Zwillinge »Tutti« und »Todd«, und ihre neue Freundin hieß »Christie«, eine afro-amerikanische Schönheit. Nur blöder Mädchenkram! Doch der amerikanische Spielzeuggigant Mattel hatte die Jungs keineswegs vergessen. Nicht nur für die bewährte Modelleisenbahn, in die neue »sprechende Uhr« und die jüngste Generation beweglicher Blechroboter, drückte sich die männliche Nachkommenschaft die Nase platt, sondern auch für die schnellsten Mini-Autos, die es je gab. »Heiße Räder für Höllenfahrer« stand da geschrieben. Die etwa 6 cm langen Automodelle aus massivem Spritzguss im Maßstab 1:64 waren die Spielneuigkeit des Jahres. »Hot Wheels«-Autos hatten bessere Achsen, bessere Achslager und bessere Räder als die Streichholzschachtelmodelle aus England und kamen schon durch bloßes Anpusten in Schwung. Auf den speziellen Plastikrennbahnen mit Steilkurven und Brücken erreichten die Flitzer ungeahnte Geschwindigkeiten, mit denen sie auch durch Loopings rauschten und über Lücken sprangen. Der bis heute schnellste Renner mit heißen Reifen war ein Ferrari, der mit maßstabsgerechten 932 km/h geblitzt wurde. 3,50 DM kostete solch ein Spielzeugauto damals. Heute bieten Sammler für originale Winzlings-Kfz mitunter abenteuerliche Summen.

Wahres über Bares

Kein Bargeld im Haus – aus die Maus! Zumindest noch in den 1960er-Jahren, als das Bezahlen mit Magnetstreifenkarten, PIN-Nummern oder via mobilen Telefonen selbst Science-Fiction-Autoren noch nicht in den Sinn gekommen war. Wer die Öffnungszeiten seiner Bank verpasst hatte, musste beim Barmann seines Vertrauens wohl oder übel anschreiben lassen.

So erging es auch dem Briten John Shepherd-Barron, dem daraufhin die Idee zu einem Automaten kam, der für gültige Schecks Bargeld ausspuckte. Heureka! Im Juni 1967 nahm der erste Geldautomat nahe London seinen Job auf.

Und weil sich gute Ideen herumsprechen, stellte die Sparkasse Tübingen am 27. Mai 1968 den ersten Geldautomaten in Deutschland auf. Das Ding war eine Monsterkiste und nicht eben flott zu bedienen. Zunächst musste sich die ausgewählte Kundschaft mit einem gelochten Plastikausweis identifizieren und den Automaten für maximal vier 100-DM-Scheine mit je einer weiteren Lochkarte füttern. Erst dann konnte der geduldige Bankkunde sein Geld samt Lochkartenbeleg einem Tresorfach entnehmen, für das jeder einen eigenen Hochsicherheitsschlüssel besaß. Heute stehen die Scheine-Spender an fast jeder Straßenecke und spucken gegen vierstellige PIN-Nummern jedes Jahr Milliardensummen aus.

Ach ja, eigentlich sollte Shepherd-Barrons Cash-Machine nur auf eine sechsstellige Geheimnummer reagieren, aber seine Frau sagte am Küchentisch, sie könnte sich nur vierstellige Zahlen merken. So also entstehen Weltstandards.

Der Tag, an dem die Erde aufging

Die NASA hatte Stress. Mitten im Kalten Krieg drohte die Sowjetunion im Wettlauf zum Mond, an den USA vorbeizuziehen, hatte man doch Anfang 1968 in der kasachischen Steppe eine offenbar startbereite Sowjetrakete entdeckt. Schnell wurden alle Pläne umgeworfen. Da die Technik für eine Mondlandung noch nicht ausgereift war, wollte man mit »Apollo 8« wenigstens ein paar Astronauten um den Mond fliegen lassen.

Nach nur vier Monaten Vorbereitungszeit wurden Frank Borman, James »Shaky« Lovell und William »Bill« Anders kurz vor Weihnachten in eine »Saturn V«-Rakete gesetzt und mit 160 Millionen PS gen Himmel geschossen.

Zehn Mal umkreisten die drei den Mond und sorgten am 24. Dezember für die emotionalste Weihnachtsshow der Geschichte. In den heiligen Abendstunden verfolgten zig Millionen gefühlsseliger Erdlinge die Liveübertragung aus der Mondumlaufbahn. Die Bilder, die ihren Weg in die tannenbaumgeschmückten Wohnzimmer fanden, waren spektakulär. Sie zeigten das Innere der Kapsel, eine langsam über der Mondoberfläche aufgehende Erde und, zum Greifen nah, die karge Mondoberfläche, die 60 Meilen tiefer unter dem Raumschiff vorbeizog. An der Grenze zwischen Tag und Nacht, dem lunaren Sonnenaufgang, nahmen die Astronauten ihren Text auf feuerfestem Papier zur Hand und schickten allen

Erdbewohnern eine rauschende Botschaft aus dem All: »Am Anfang schuf Gott Himmel und Erde. Und die Erde war wüst und leer, und Finsternis lag über der Tiefe.«

Nach 29 Minuten beendete Borman die wohl abgehobenste Bibelstunde aller Zeiten mit den Worten: »Gott segne euch alle – euch alle auf der guten, alten Erde.« Einen Tag später wurde es für die drei Mond-Cowboys richtig spannend, da die Zündung der Triebwerke für die Heimreise auf der Rückseite des Mondes erfolgen musste – ohne Funkkontakt zur Erde. Es war der gefährlichste Moment der Mission. Funkstille. 30 Minuten Unhörbarkeit. Plötzlich ein Rauschen, und Jim Lovell meldete: »Please be informed there is a Santa Claus.«

Zwei Tage später landeten die X-mas-Helden sicher im Pazifik. Nur sieben Monate später gerieten die lunaren Missionare von 1968 schon wieder in Vergessenheit, als Neil Armstrong seinen Stiefelabdruck in den Mondstaub drückte. Die Bilder jedoch, die die Besatzung mit ihren speziellen Hasselblad-Kameras schoss, wurden zu echten Foto-Ikonen. Einige meinen sogar, die Aufnahme von der leuchtend blauen Kugel, die mit ihrer hauchdünnen Atmosphäre über der lebensfeindlichen Mondoberfläche aufgeht, sei eines der wichtigsten Fotos der Menschheitsgeschichte. Sie waren ausgezogen, den Mond zu erkunden, und hatten die Schönheit, die Einzigartigkeit und die Zerbrechlichkeit der Erde entdeckt. »Hier geht die Erde auf. Wow, sieht das schön aus!«

Burger-Bombe

Es gibt viele Dinge, die so selbstverständlich zu unserem Planeten gehören, dass man nicht einmal ansatzweise über ihr Entstehen nachdenkt. Sie sind einfach da, als wären sie schon Bestandteile der biblischen Schöpfungsgeschichte gewesen, wie z. B. Büroklammern, Sprüche auf Kaffeebechern oder der Zweifachbratling-Burger Big Mac. Doch es war nicht der Allmächtige, der aus zwei Rindfleischbuletten und drei Brotscheiben eine Ikone der US-Esskultur schuf, sondern Michael James »Jim« Delligatti. Mitte der 1960er-Jahre war er Leiter einer McDonald's-Filiale in Pittsburgh und wollte seinen Kunden wie die königliche Burger-Konkurrenz nebenan einen voluminösen Mega-Burger anbieten. Das Konzept ging auf. Seine Umsätze schossen glatt um 12 % in die Höhe, sodass der Fast-Food-Konzern dem doppelstöckigen Cheeseburger sein Okay gab und ihn 1968 landesweit auf die Karte setzte. Bis heute gehen jährlich Hunderte Millionen dieser 500-Kilokalorien-Bomben über die Tresen, und der Riesenburger wurde zu einem Stück Amerika. Und auch wenn der irdische Schöpfer für seine göttliche Kreation niemals Lizenzgebühren oder ein Honorar erhalten hat, ist ihm der Big Mac anscheinend gut bekommen. Jim soll jede Woche mindestens einen gegessen haben und erreichte das gesegnete Alter von 98 Jahren.

Haftige Idee

Im Laufe der Menschheitsgeschichte wurden zahllose geniale
Erfindungen nur deshalb nicht gemacht, weil der lose Notiz-
zettel mit dem ersten Gedankenblitz verloren ging, in Buchseiten versank oder von einem lauen Lüftchen davongetragen
wurde. Andererseits entstanden viele bahnbrechende Ent-
wicklungen aus völlig misslungenen Kreationen – so wie der
extrastarke Superkleber, den der amerikanische Chemiker
Spencer Silver im Jahr 1968 erfand. Tatsächlich blieb die kleb-
rige Masse zwar auf nahezu allen Oberflächen haften, ließ sich
jedoch ganz leicht wieder ablösen. Ein echter Reinfall, an den
sich allerdings ein paar Jahre später Silvers Kollege Art Frey
erinnerte, als ihm im Kirchenchor ständig die Lesezeichen
aus dem Gesangbuch fielen. Kurzerhand bestrich er kleine
Papierzettel mit dem untauglichen Superkleber – und siehe,
die Zettel blieben, wo sie waren, und ließen sich sogar wieder
entfernen, ohne die Buchseiten zu zerreißen. Seither sorgen
jene überaus praktischen, zumeist gelben Post-it-Klebezettel
dafür, dass Gedankenblitze haften bleiben.

Die schwebende Prinzessin

Was muss ein Fahrzeug können, das Personen und Güter sicher und flott über Wüstensand, Eisflächen und Wasser befördern soll? Ganz einfach: schweben! Schon zu Beginn des letzten Jahrhunderts hatten pfiffige Ingenieure erste Ideen dazu entwickelt. Sie statteten einen flachen Bootsrumpf mit fünf Flugzeugmotoren aus, von denen vier für Vortrieb sorgten, während einer zwischen Schiffskörper und Untergrund eine dünne Schicht Luft einbrachte – fertig war das erste »Gleitboot«, das auf einem Luftkissen schwebte. Das war 1915. Einige Jahrzehnte später wurde der Gedanke eines solchen »Luftkissenapparats« in den verschiedensten Ecken der Welt weiterverfolgt. Unter anderem wurde 1959 die erste Hovercraft-Passagierfähre auf dem Ärmelkanal eingesetzt. Und genau hier nahm am 1. August 1968 auch das Nonplusultra der Luftkissenentwicklung seinen Dienst auf: das englische Hovercraft des Typs »Saunders Roe Nautical 4« der Mountbatten-Klasse (SR.N4 Mk I). Das gewaltige 165 Tonnen schwere, fast 40 Meter lange Fahrzeug wurde von vier 3.400-PS-Motoren angetrieben und bretterte bis zum Jahr 2000 mit einer Höchstgeschwindigkeit von 65 Knoten (ca. 115 km/h) zwischen Dover und Calais hin und her. Mit einer Kapazität von bis zu 250 Passagieren und 30 Fahrzeugen waren »The Princess Margaret« und ihre fünf jüngeren Geschwister die größten zivilen Luftkissenfahrzeuge der Welt.

Nanahan – eine Legende mit vier Rohren

Alles drehte sich gegen Ende der 1960er-Jahre um Autos. Jedermann wollte ein vierrädriges Vehikel sein Eigen nennen. Motorräder, jene nach Öl stinkenden Zweitakter aus der Nachkriegsproduktion, nutzten nur diejenigen, die sich kein Auto leisten konnten oder eingefleischte Fans waren. Selbst bei BMW dachte man seinerzeit tatsächlich darüber nach, die Motorradproduktion einzustellen. Und so machte man sich 1968 auf der Tokyo Motor Show keine allzu großen Hoffnungen, als der japanische Hersteller Honda ein Showbike mit der Bezeichnung CB 750 Four vorstellte. Wie man sich irren kann – denn das Nanahan (japanisch »7 und 50«) wurde als »Urknall« und »Revolution« der Motorradbranche gefeiert. Auf der Bühne stand das erste »Bigbike« der Zweiradgeschichte, das seine für damalige Zeiten brachiale Kraft von 67 PS aus einem Reihenvierzylinder schöpfte, der erstmals quer zur Fahrtrichtung eingebaut war und das Gerät auf beeindruckende 200 km/h beschleunigen konnte. Das kannte man zuvor nur von Rennmaschinen. Eine hydraulisch betriebene Scheibenbremse im Vorderrad, die markante 4-in-4-Abgasanlage, bei der jeder Zylinder mit einem eigenen Rohr für sagenhafte Akustik sorgte, und die gewagte Candy-Metallic-Lackierung sorgten zudem für Aufmerksamkeit. Nur ein Jahr später ging das Modell in Großserie und wurde mehrfach zum »Motorrad des Jahrhunderts« gewählt. 1968, einfach legendär.

Das gibt's seit 1968!

Raumfahrt war eines der technischen Topthemen des Jahres 1968, die sowjetische Zond-Mission wird jedoch häufig unterschlagen. Die Raumsonde Zond 5 war 1968 das erste Fahrzeug, das um den Mond kreiste und mit einem Splash-down auf die Erde zurückkehrte.

Mit an Bord waren übrigens die ersten Lebewesen, die je den Mond umkreisten, darunter zwei russische Landschildkröten, Mehlwürmer, Pflanzen und Bakterien.

Bahnbrechend waren 1968 auch die am CERN entwickelte Vieldrahtproportionalkammer zur Partikeldetektion, der erste computergesteuerte Tentakelarm sowie harzbeschichtetes Fotopapier.

Zugegeben, für eine in diesem Jahr beginnende Kindheit war die Gründung der Firma »Chipsfrisch« bedeutsamer als die Trinitronröhre für Fernsehgeräte und die Markteinführung der »Kinderschokolade« lebensnotwendiger als das erste theoretische Modell zur zweibeinigen Lokomotion (kurz: Wie bringt man zweibeinige Roboter zum Laufen, ohne dass sie umkippen?).

Lebensbegleitend waren außerdem: Klementine, die waschende Klempnerin, die seit 1968 mit dem Spruch: »... nicht nur sauber, sondern rein« Waschmittelwerbung machte, der Bärensong »The Bare Necessity« (»Probier's mal mit Gemütlichkeit«), für den »Das Dschungelbuch« 1968 einen Oscar bekam, und »Asterix und Obelix«, die im Dezember 1968 erstmals unverfälscht in deutscher Übersetzung zu bekommen waren.

Und noch ein Technik-Highlight eroberte ab 1968 den Markt und darf auf keinen Fall vergessen werden: »Mexico« – das erste Autoradio mit integriertem Kassettenlaufwerk (Becker).

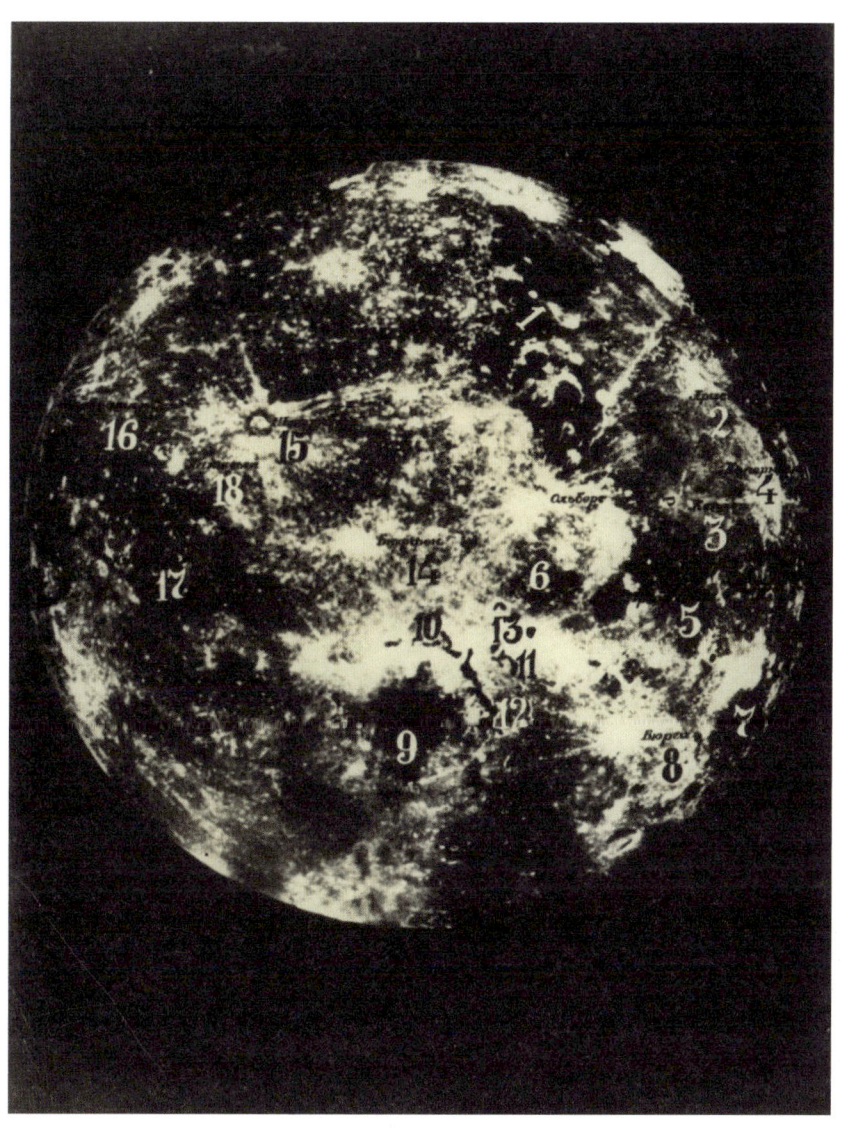

Das erste grüne Männchen

Die Königsklasse aller Technologien ist zweifelsohne in der Astronomie zu finden. Was Astrophysiker so alles untersuchen, berechnen und bauen, lässt selbst eingefleischte Technikfreaks nicht selten an ihrem Verstand zweifeln. Für Otto Normaldenker liegt dabei häufig schon das »Wieso, Weshalb, Warum?« weit jenseits irdischer Horizonte. Auch die Physikerin Jocelyn Bell, die am 28. November 1967 nahe Cambridge untersuchte, was die neuen Gruppenantennen des Observatoriums so alles zum Vorschein brachten, stellte an diesem Tag ihre irdische Intelligenz infrage. Aus dem Dunkel des Weltalls kamen Funksignale: dreimal kurz. Die Aufzeichnungen bewiesen das Eintreffen ungewöhnlich regelmäßiger Strahlungswellen: etwa alle drei Minuten im exakten Abstand von 1,3372795 Sekunden. Bell und ihr Doktorvater Antony Hewish hielten den Tripel-Impuls zunächst für ein künstliches Signal, das vielleicht sogar einer extraterrestrischen Zivilisation entstammte. Als sie ihre Entdeckung im Sommer 1968 der Weltöffentlichkeit präsentierten, war aus dem LGM (Little Green Man 1) der PSR B1919+21 geworden. Sie hatten erstmals einen Pulsar, einen schnell rotierenden Neutronenstern, nachgewiesen. Dr. Hewish erhielt für »seine« Entdeckung 1974 den Nobelpreis, Frau Bell ging leer aus. Erst 2007 wurde sie als »Dame Commander of the Order of the British Empire« ausgezeichnet und damit in den persönlichen Adelsstand erhoben. Fast Königsklasse, immerhin.

(Genaue Adresse des Pulsars: Rektaszension 19h19m16s, Deklination +21°47', etwa 2.000 Lichtjahre von unserem Sonnensystem entfernt.)

Der Letzte seiner Art

Er war ein echt schwerer Junge und eindeutig der dickste Fisch im Teich: »Big John«. Nach vier Jahren Bauzeit und etwa 280 Millionen Dollar aus dem Steuertopf nahm die U.S. Navy am 7. September 1968 den Flugzeugträger USS John F. Kennedy in Dienst. Getauft von der Tochter des ermordeten Präsidenten Kennedy, ging der 321 Meter lange und gut 80.000 Tonnen schwere Stahlgigant auf große Fahrt. Mit an Bord fast 4.000 Besatzungsmitglieder sowie 76 Flugzeuge. Das Schiff mit einem Laderaum so hoch wie ein sechsstöckiges Kaufhaus war wie eine eigene kleine Stadt und eilte mit einer Höchstgeschwindigkeit von 30 Knoten zu den Krisenherden der Welt. Groß, grau und gemeingefährlich war er, überall, wo er am Horizont erschien, ein monströses Statement aus schwimmendem Stahl. Nach fast 40 Dienstjahren und 18 großen Einsätzen wurde der letzte nicht atombetriebene Flugzeugträger der USA im Jahr 2007 aus dem aktiven Geschäft zurückgezogen. Ob »Big John« demnächst als friedliches Denkmal, Museum und Freizeitzentrum herhalten darf oder ob seine allerletzte Fahrt zu einem Schiffsfriedhof führt, ist bis heute nicht entschieden.

Der akademische Gipfel

Der nach Alfred Nobel benannte Preis, der seit 1901 jährlich an Personen und Organisationen für herausragende Leistungen in verschiedenen Fachgebieten verliehen wird, ist eindeutig die höchste Auszeichnung, die einem Wissenschaftler zuteilwerden kann. Neben der allgemeinen Anerkennung einer gelehrten Errungenschaft (die dem »Normalverbraucher« zumeist ein Rätsel bleibt) bieten die ausgezeichneten Arbeiten eines Jahres stets auch einen ungefähren Eindruck von dem, was die akademische Welt in jenen Jahren beschäftigte.

Luis Walter Alvarez, der schon an der Entwicklung der Atombombe und des Radars sowie eines Protonen-Linearbeschleunigers beteiligt war, wurde 1968 für seinen entscheidenden Beitrag zur Elementarteilchenphysik mit dem Nobelpreis für Physik ausgezeichnet. Seine Wasserstoff-Blasenkammer-Technik machte die Entdeckung von kurzlebigen Elementarteilchen wie Quarks erst möglich. Außerdem machte er sich mit der Theorie, dass ein Meteoriteneinschlag die Dinosaurier auf dem Gewissen habe, einen Namen und erfand unter anderem eine elektronische »Indoor«-Golfmaschine.

Der Chemieingenieur Lars Onsager wurde für den nach ihm benannten Onsager'schen Reziprozitätssatz mit dem Nobelpreis für Chemie ausgezeichnet. Er beschrieb die wechselseitigen Beziehungen zwischen verschiedenen Kräften und Flüssen in einem thermodynamischen System und klärte damit einige bis dahin unerklärliche physikalische Phänomene.

Den Nobelpreis für Physiologie oder Medizin teilten sich Robert William Holley, Har Gobind Khorana und Marshall Warren Nirenberg. Alle drei forschten in Biochemie, Molekularbiologie und Genetik und interpretierten den genetischen Code und seine Funktion bei der Proteinsynthese.

Der Vollständigkeit halber muss René Samuel Cassin erwähnt werden, der als Verfasser der Allgemeinen Erklärung der Menschenrechte der Vereinten Nationen (1948) den Friedensnobelpreis erhielt, ebenso Kawabata Yasunari, der 1968 als erster japanischer Autor mit dem Nobelpreis für Literatur ausgezeichnet wurde.

Erst top, dann hopp

Die Idee war wirklich gut und genauso modern, wie man sich im Berlin der 1950er-Jahre fühlte. Südlich von Neukölln sollte zwischen Britz, Buckow und Rudow nach modernsten städtebaulichen Erkenntnissen eine neue Großsiedlung mit bis zu 14.000 Wohnungen aus dem Boden gestampft werden. Für den Entwurf konnte sogar der renommierte Bauhaus-Architekt Walter Gropius gewonnen werden, dessen Pläne zumeist fünfgeschossige, hier und da vielleicht ein paar höhere Gebäude vorsahen, wobei jedes Haus von großzügigen Grünflächen umgeben sein sollte. Dann, 1961, stand plötzlich mitten in der Stadt eine Mauer, und es wurde knapp mit den Bauflächen. Fortan hieß die Weisung: höher bauen, enger bauen! So wuchs nach der Grundsteinlegung 1962 eine Trabantenstadt heran, deren Höhepunkt das Wohnhochhaus der Baugenossenschaft Ideal in der Fritz-Erler-Allee 120 bildete. Das über

90 Meter hohe Gebäude mit 228 Wohnungen feierte 1968 Richtfest und wurde mit seinen 31 Stockwerken eines der höchsten Wohnhäuser Europas und das höchste in Berlin. Tatsächlich galt die gesamte Gropiusstadt mit rund 18.500 modern ausgestatteten Wohnungen und vielen visionären Ideen lange als Architektur-Ideal, bevor es in den 1980er-Jahren zum sozialen Brennpunkt herabsank, in dem unter anderem Christiane F. aufwuchs, die als Kind vom Bahnhof Zoo traurige Berühmtheit erlangte.

Powerschuhe

Es ist bis heute das Bild der Olympischen Spiele, die 1968 in Mexiko abgehalten wurden: zwei farbige US-Athleten, die während der Siegerehrung eine schwarz behandschuhte Faust zum Black-Power-Gruß emporrecken. Die beiden erfolgreichen 200-Meter-Sprinter Tommie Smith und John Carlos protestierten damit öffentlich gegen den Rassismus in ihrer Heimat. Die Stadionzuschauer pfiffen, und beide Olympioniken wurden des Teams und des olympischen Dorfs verwiesen. Dennoch, das Foto wurde zum Inbegriff der afroamerikanischen Bürgerrechtsbewegung. Auf dem Bild häufig nicht zu erkennen ist, dass die beiden nur in Socken auf das Podest traten und ihre Schuhe in der anderen Hand hielten bzw. neben sich stellten. Und auch diese Schuhe schrieben Sportgeschichte. Die Sportmarke Puma hatte verschiedene amerikanische Athleten mit dem legendären Bürstenschuh »Sacramento« ausgestattet, an deren Sohle 68 kleine Vier-Millimeter-Dornen für zusätzlichen Grip sorgten. Nur wenige Wochen vor den Spielen wurden damit zahlreiche Weltrekorde erzielt, die man jedoch alle aberkannte, da der Schuh als »zu gefährlich« verboten wurde. Auf dem berühmten Bild sind die modifizierten Modelle zu erkennen, mit denen es auch in verschiedenen anderen Disziplinen Goldmedaillen regnete. Ohne die Bürstenschuhe hätte es eine der berühmtesten olympischen Siegerehrungen vielleicht nie gegeben.

Menschliche Einblicke

Als der Physiker Wilhelm Conrad Röntgen 1895 erst ein dickes Buch und dann die Hand seiner Frau durchleuchtete, legte er den Grundstein für eines der bedeutendsten Verfahren der medizinischen Diagnostik. Endlich war es möglich, in den Körper eines Patienten zu schauen, ohne ihn beschädigen zu müssen. Allerdings waren die grobkörnigen Aufnahmen häufig undeutlich, da sich Knochen und Organe überlagerten. In den späten 1960er-Jahren machte sich daher der britische Elektrotechniker Godfrey Hounsfield, seinerzeit bei der Schallplatten- und Elektronikfirma EMI beschäftigt, daran, eine neue Methode für den Blick ins Körperinnere zu entwickeln. Um überlagerungsfreie Schichtaufnahmen zu erhalten, durchleuchteten die Strahlen einen Körper auf vielen unterschiedlichen Achsen, und die Ergebnisse wurden per Computer ausgewertet. So untersuchte er 1968 das Gehirn eines Schweins. Der Scan dauerte neun Tage, und der Computer rechnete zwei Stunden an den fast 30.000 Messungen. Das Resultat der weltweit ersten Computertomografie war so überzeugend, dass mit der neuen Technik bereits 1971 das Gehirn eines lebenden Menschen untersucht wurde. Das CT-Gerät ging in Serie, der Erfinder erhielt Medizin-Nobelpreis und Ritterschlag, man benannte eine Maßeinheit nach ihm, und wir schauen nicht mehr, wir gehen in die »Röhre«.

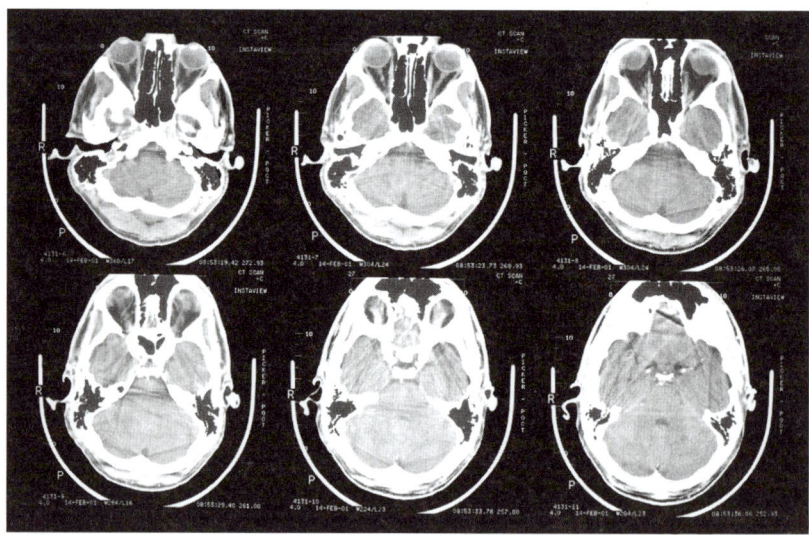

Feuertaufe mit Iris

Das Rennen ins All war eine Sache zwischen den globalen Schwergewichten Sowjetunion und USA. Und so, wie sie bereits die Erde in Einflussgebiete aufgeteilt hatten, sollte es wohl auch im Weltraum laufen.

Die Europäer hatte Mitte der 1960er-Jahre in puncto Raumfahrt niemand auf dem Zettel. Gut, es gab sogar schon zwei europäische Organisationen (ELDO, ESRO), die sich um die Entwicklung von Trägerraketen bzw. Forschungssatelliten kümmerten. Aber mal ehrlich, die EUROPA-Rakete war nicht ein einziges Mal abgehoben, und der Versuch, einen ESRO-Satelliten ins All zu schießen, war im Mai 1967 vollständig schiefgegangen.

Dennoch, man war auch in Europa auf dem neuesten Stand der Technik, auch wenn die Computer und Terminals jener Tage noch mit Lochkarten gefüttert werden mussten. Und tatsächlich flog am 17. Mai 1968 von Kalifornien aus der erste europäische Forschungssatellit gen Himmel. ESRO-2B oder IRIS 2 (International Radiation Investigation Satellite) wog 89 kg und war mit sieben Instrumenten bestückt, die in polarer Umlaufbahn die solare und kosmische Strahlung erfassen sollten. Nach 16.282 Orbitrunden verglühte IRIS 2 am 8. Mai 1971, und das erste europäische Raumfahrtprogramm hatte seine Feuertaufe überstanden. Inzwischen hat Europa längst mit den »Großen« gleichgezogen und gehört zu den führenden Raumfahrtmächten der Welt.

Futtern bei Muttern

Während sich die Amerikaner auf die neuesten Fast-Food-Kalorien-kreationen stürzten und für sagenhafte Umsätze und zunehmende Leibesfülle sorgten, sahen sich die deutschen Hausfrauen 1968 mit allerlei Merkwürdigkeiten konfrontiert. Plötzlich lagen in jenen Tagen eiförmige Vitaminbomben mit bräunlicher, haariger Schale in der Obstabteilung. Angesichts des grünfleischigen Innenlebens blieb man argwöhnisch, sodass sich die Kiwi vom anderen Ende der Welt erst in den späten 70ern durchsetzen konnte. In einigen Läden wurden 1968 erstmals künstliche Lebensmittel angepriesen. Merkwürdig, das Zeug sah zwar aus wie Bratwurst oder Schnitzel, enthielt aber nicht eine einzige Fleischfaser. TVP lautete das magische Kürzel für vegetarisches Sojafleisch (Textured Vegetable Protein), das fortan die Fleischtöpfe fül-len und die Haushaltskassen entlasten sollte. Doch in Deutschland, wo die »gute« Butter und der Sonntagsbraten wie Ikonen verehrt wurden, fanden die Pressteilchen aus entfettetem Sojamehl nur wenige Freunde. Alles Künstliche galt als Ersatz, und an Ersatzstoffe konnte man sich noch zu gut erinnern. Anders sah es bei der Tiefkühlkost aus, die sich mit der Verbreitung von Kühl-Gefriermöbeln etablierte. Im Januar 1968 konnte die eisige Kost sogar erstmals über einen Versandhauskatalog bestellt werden. Aber wahres Futtern bei Muttern geht bis heute auch ohne haarige Südländer, Kunstgulasch oder Frostgemüse.

Der Wohlfühlwasserwirbel

Ihr Name klingt wie der eines japanischen Verbrecherclans, dabei
stammen sie aus Italien, wurden in den USA mit Luftbläschen berühmt
und pimpen jedes Badezimmer zur Wellnessoase. Die Gebrüder Jacuzzi
verwirklichten den viel beschworenen amerikanischen Traum. Bereits
um 1915 gründeten die aus Italien eingewanderten Brüder in Kaliforni-
en die Firma »Jacuzzi Brothers«, die sich bald mit Flugzeugpropellern,
Bewässerungspumpen, landwirtschaftlichen Superventilatoren und
medizinischen Hydrotherapiegeräten einen Namen machte.

Mit Roy Jacuzzi kam 1968 der große Wandel. Als er sich genauer umschaute, fiel ihm auf, dass viele Amerikaner nicht nur auf dicke Burger
und noch dickere Autos standen, sondern sich durchaus auch für Fitness,
Gesundheit und Entspannung interessierten. Kurzerhand entwickelte er
die therapeutischen Pumpen der Brüder weiter und integrierte sie mit
Blubberdüsen und Wassermassagegerät in eine Badewanne – fertig war
der erste Whirlpool, und der Name Jacuzzi wurde zur weltbekannten
Marke in Sachen Wellness.

Turmbau zu Olympia

»Möge dieses große technische Werk (…) vor Zerstörung durch die Natur oder menschliche Gewalt verschont bleiben, in einem Zeitalter, in dem der Mensch sich anschickt, immer mehr in das All vorzudringen und andere Planeten zu erforschen und zu erobern.« So steht es in einer Urkunde, die 1965 in den Grundstein des Münchener Fernsehturms gemauert wurde. Das macht deutlich, dass der Turm sehr viel mehr war als eine Verbesserung der Sendeleistung. Der Gigant am späteren Olympiapark war und ist vor allem ein Symbol für den Technikoptimismus jener Tage, der sich auch in den technischen Daten widerspiegelt:

Das Fundament ist 12 Meter tief, die Turmhöhe beträgt mit Antenne 291,28 Meter, wobei sich der Schaftdurchmesser von 16,5 auf 4,5 Meter verjüngt. Insgesamt wurden 52.500 Tonnen Stahl und Beton verbaut. Im Inneren bringen zwei Personenaufzüge bis zu 30 Besucher in nur 32 Sekunden zur Aussichtsplattform in 185 Metern Höhe (seinerzeit einer der schnellsten Aufzüge der Welt) oder in das Sternerestaurant auf 181 Metern

Höhe, das in 52 Minuten eine 360°-Drehung vollzieht. Für Notfälle wurde eine Wendeltreppe mit 1.230 Stufen eingebaut. Insgesamt haben bis heute mehr als 60 Millionen Besucher die grandiose Aussicht auf München erlebt.

Nach seiner Eröffnung am 22. Februar 1968 sollten die Bürger dem überragenden Meisterwerk einen Namen geben. Da der bayerische Riese mit 22 Millionen DM mehr als das Doppelte der kalkulierten Summe verschlungen hatte, hielten viele Bürger den Namen »Schuldenstangerl« für bezeichnend. Das Votum fiel schließlich ganz sportlich auf »Olympiaturm«.

Der Wohlfühlwasserwirbel

Ihr Name klingt wie der eines japanischen Verbrecherclans, dabei stammen sie aus Italien, wurden in den USA mit Luftbläschen berühmt und pimpen jedes Badezimmer zur Wellnessoase. Die Gebrüder Jacuzzi verwirklichten den viel beschworenen amerikanischen Traum. Bereits um 1915 gründeten die aus Italien eingewanderten Brüder in Kalifornien die Firma »Jacuzzi Brothers«, die sich bald mit Flugzeugpropellern, Bewässerungspumpen, landwirtschaftlichen Superventilatoren und medizinischen Hydrotherapiegeräten einen Namen machte.

Mit Roy Jacuzzi kam 1968 der große Wandel. Als er sich genauer umschaute, fiel ihm auf, dass viele Amerikaner nicht nur auf dicke Burger und noch dickere Autos standen, sondern sich durchaus auch für Fitness, Gesundheit und Entspannung interessierten. Kurzerhand entwickelte er die therapeutischen Pumpen der Brüder weiter und integrierte sie mit Blubberdüsen und Wassermassagegerät in eine Badewanne – fertig war der erste Whirlpool, und der Name Jacuzzi wurde zur weltbekannten Marke in Sachen Wellness.

Turmbau zu Olympia

»Möge dieses große technische Werk (…) vor Zerstörung durch die Natur oder menschliche Gewalt verschont bleiben, in einem Zeitalter, in dem der Mensch sich anschickt, immer mehr in das All vorzudringen und andere Planeten zu erforschen und zu erobern.« So steht es in einer Urkunde, die 1965 in den Grundstein des Münchener Fernsehturms gemauert wurde. Das macht deutlich, dass der Turm sehr viel mehr war als eine Verbesserung der Sendeleistung. Der Gigant am späteren Olympiapark war und ist vor allem ein Symbol für den Technikoptimismus jener Tage, der sich auch in den technischen Daten widerspiegelt:

Das Fundament ist 12 Meter tief, die Turmhöhe beträgt mit Antenne 291,28 Meter, wobei sich der Schaftdurchmesser von 16,5 auf 4,5 Meter verjüngt. Insgesamt wurden 52.500 Tonnen Stahl und Beton verbaut. Im Inneren bringen zwei Personenaufzüge bis zu 30 Besucher in nur 32 Sekunden zur Aussichtsplattform in 185 Metern Höhe (seinerzeit einer der schnellsten Aufzüge der Welt) oder in das Sternerestaurant auf 181 Metern

Höhe, das in 52 Minuten eine 360°-Drehung vollzieht. Für Notfälle wurde eine Wendeltreppe mit 1.230 Stufen eingebaut. Insgesamt haben bis heute mehr als 60 Millionen Besucher die grandiose Aussicht auf München erlebt.

Nach seiner Eröffnung am 22. Februar 1968 sollten die Bürger dem überragenden Meisterwerk einen Namen geben. Da der bayerische Riese mit 22 Millionen DM mehr als das Doppelte der kalkulierten Summe verschlungen hatte, hielten viele Bürger den Namen »Schuldenstangerl« für bezeichnend. Das Votum fiel schließlich ganz sportlich auf »Olympiaturm«.